VOLCANS

Bernhard Edmaier-Angelika Jung-Hüttl

NATHAN

Sommaire

Comme le phénix qui renaît de ses cendres

Un nuage gris s'élève du cratère accompagné d'une rumeur sourde. Des lambeaux de lave et des fragments de roche incandescents dévalent les pentes avec fracas. L'île volcanique de Krakatau nous fait prendre conscience de la puissance originelle tout à la fois fascinante et destructrice des volcans.

Double page précédente.
Fontaines de scories incandescentes (Etna, Sicile, phase éruptive de 1991 à 1993).

« Vous pouvez accoster à Krakatau, mais vous ne devriez pas grimper jusqu'au cratère », conseille l'employé du bureau indonésien de la Protection de l'environnement. « Depuis quelques mois, il est de nouveau assez actif et imprévisible, ajoute-t-il. En fait, vous devriez rester à une distance de 3 km de l'île. » Il tamponne néanmoins l'autorisation administrative.

Nous avions donc réussi à nous acquitter de cette formalité. Un peu songeurs, nous nous dirigeons vers le port. Que devions-nous penser de ces avertissements ? Cela ne pouvait pas être si dangereux que cela ! Des groupes de touristes viennent de temps en temps visiter cette île volcanique située dans le détroit qui sépare Java de Sumatra.

Il fait humide et chaud. La brève ondée tropicale ne rafraîchit pas l'atmosphère. C'est donc épuisés et en sueur que nous atteignons l'embouchure du fleuve et la ville côtière de Labuhan. C'est là que se trouve ancré le bateau que nous avons loué hier. M. Ranu, le corpulent propriétaire, et ses quatre équipiers nous attendent déjà. « Bienvenue à bord du *Cantik Ship* », nous souhaite M. Ranu dans un mauvais anglais. *Cantik* signifie à peu près la « beauté », et le vieux bateau de pêche fait honneur à son nom. Il est fraîchement repeint, tout blanc avec une large bande bleue dans le sens de la longueur. Dans le contexte javanais, il est de plus très confortablement équipé, avec son pont couvert, sa petite cambuse et, détail qu'il est important de souligner, son puissant moteur Diesel. Nous voulons en effet pouvoir revenir rapidement du groupe d'îles inhabitées qui entourent Krakatau et ne pas nous retrouver soudain désemparés au milieu du détroit de la Sonde, l'une des voies maritimes les plus fréquentées du monde, incapables de manœuvrer, comme cela est

Imprévisible Krakatau : avant de s'approcher du volcan, il convient d'observer très précisément ses éruptions. Le plus souvent, il se contente de cracher dans les airs des nuages de cendre de quelques centaines de mètres de hauteur. Toutefois, il s'exprime de temps en temps plus violemment : le nuage atteint dans ce cas jusqu'à 1 000 m de hauteur. Les scories et les blocs de rocher arrachés à la paroi de la cheminée sont alors projetés jusque dans la mer.

arrivé à tant de visiteurs du Krakatau avant nous si l'on en croit la rumeur.

La traversée du détroit de la Sonde, qui relie l'océan Indien à la mer de Chine méridionale, dure quatre à cinq heures. Le bateau franchit les vagues et se dirige sans dévier vers l'archipel.

Il fait beau, et la montagne conique de 800 m de hauteur de la petite île de Rakata ne tarde pas à apparaître à l'horizon. Avec les îles de Sertung et de Panjang, elle encercle le véritable but de notre voyage, l'Anak Krakatau, l'« enfant du Krakatau ».

C'est ainsi que les Indonésiens appellent le sombre cône volcanique qui, comme le phénix qui renaît de ses cendres, jaillit hors de l'eau à l'endroit même où, une bonne centaine d'années auparavant, l'une des plus importantes éruptions volcaniques de mémoire humaine s'était produite.

En août 1883, en effet, les deux tiers de l'île de Krakatau, qui, avec ses trois cratères, mesurait alors 9 km de long et 5 de large, disparurent en l'espace de deux jours de la surface de la terre. Environ 36 000 personnes périrent dans le raz de marée qui fut alors provoqué par les violentes éruptions et qui ravagea les côtes de Java et de Sumatra.

Notre bateau passe devant Rakata, et soudain nous le voyons. Noir et plat, il a l'air tout à fait inoffensif. À contre-jour, ses contours se dessinent nettement dans le ciel. L'Anak doit mesurer environ 2 km de diamètre. D'après les données les plus récentes du Service de volcanologie indonésien, son cratère, qui mesure approximativement 150 m de large, se situe à 280 m au-dessus du niveau de la mer. Il y a quelques mois seulement, en novembre 1992, des spécialistes de ce même service avaient mesuré une hauteur de 199 m. La montagne a gagné 80 m de hauteur…

La poussière et les cendres du nuage volcanique retombent sur les flancs du Krakatau sous la forme de filaments noirs. De ce fait, la montagne gagne de la hauteur progressivement.

Ainsi, pendant la phase particulièrement active qui s'est déroulée entre novembre 1992 et octobre 1993, le cône a grandi de 80 m…

Tandis que nous sommes encore en train de nous étonner de la rapidité de cette croissance, un nuage d'un noir grisâtre surgit soudain du cratère, gonfle, s'élève de plus en plus haut, jusqu'à 800 voire 1 000 m. Le vent le saisit et l'emporte. Sous le nuage se forme un rideau de stries sombres : ce sont les cendres qui ont été projetées dans les airs au moment de l'éruption et qui flottent et retombent maintenant lentement vers le sol. Nous ne sommes pas les seuls à regarder le spectacle que nous offre l'Anak : notre équipage aussi l'observe d'un air tendu. Les jeunes Izhar et Andi en oublient les lignes de pêche qu'ils essaient de démêler. M. Ranu, qui était encore assis tout souriant derrière la barre, lève des yeux étonnés et tire sur les boutons de sa chemise militaire vert kaki tendue sur son ventre rebondi. Il ralentit précautionneusement le moteur pour passer lentement entre Rakata et Panjang en direction de l'Anak Krakatau. Entre les îles, la mer est lisse comme un miroir. Des poissons volants planent au-dessus de l'eau tandis que nous progressons doucement vers notre objectif. Le nuage sombre disparaît peu à peu et tout est parfaitement calme. Le soleil est déjà bas : dans une heure à peu près, il fera nuit. « *May be, no landing today* », avance Izhar d'un ton hésitant, avec un regard interrogateur. L'équipage n'a donc plus envie d'accoster ce soir à Krakatau. De toute évidence, les hommes éprouvent beaucoup de respect pour le volcan. À juste titre. Nous nous laissons convaincre de commencer par observer un moment l'Anak avant de nous aventurer sur ses flancs.
Récemment, une Américaine y a eu un accident. « Le premier sacrifice du Krakatau depuis 1883 », titrèrent les journaux. Elle a été surprise par une éruption de cendre particulièrement violente lors de son ascension vers le bord du cratère. L'un des énormes blocs de rocher alors projetés hors de la gueule du volcan la heurta. Elle est morte sur le bateau, pendant le trajet de retour. Ses quatre compagnons s'en sont tirés avec une grosse frayeur et quelques fractures.
Nous jetons l'ancre à quelque 2 km de l'Anak Krakatau, à proximité de l'étroit littoral couvert d'une végétation dense de l'île de Panjang que dominent de hautes parois rocheuses. Ici, nous sommes à l'abri et nous avons une bonne vue sur le cratère de l'Anak. Toutes les dix minutes, il crache des nuages de fumée. Ces éruptions ne sont cependant pas très spectaculaires après celles dont nous avons déjà été témoins. Les membres de l'équipage pêchent dans le sillage du bateau de petits poissons rouges aux écailles dotées de piquants et les font frire immédiatement à la poêle. Accompagnés d'une sauce bien épicée appelée *sambal* et de riz, ils sont délicieux. Tout est calme et paisible. Une nuit de rêve s'annonce sous les tropiques.

Un feu d'artifice nocturne

Soudain, Andi se redresse brusquement de son siège. « *Look, look !* » s'écrie-t-il en montrant le cratère du doigt. Maintenant, le volcan est vraiment réveillé. Des lambeaux de lave et des blocs de pierre incandescents sont expulsés de la cheminée et projetés bien au-dessus du bord du cratère. Le nuage de fumée monte toujours plus haut. Des éclairs déchirent le ciel et plongent les lieux dans une lumière spectrale. Et c'est empreints d'une crainte respectueuse que nous contemplons le feu d'artifice que nous offre l'Anak Krakatau. Ce spectacle grandiose se déroule d'abord sans bruit. Ce n'est que quelques secondes plus tard que nous parviennent ici, à 2 km du lieu où l'action se déroule, le grondement

Ci-dessous et ci-contre. « Orage volcanique » au cours d'une éruption nocturne du Krakatau. L'électricité statique se décharge en produisant des éclairs. Ces charges se développent dans les nuages de cendre lorsque les particules expulsées du cratère pendant l'explosion se frottent les unes contre les autres. Des scories incandescentes dévalent les flancs de la montagne et en dessinent les contours dans la nuit.

et le roulement sourd qui accompagnent l'éruption. Le fracas est d'autant plus fort que l'écho le répercute contre les falaises rocheuses de l'île de Panjang. Tout ce vacarme fait vibrer notre petite embarcation. Les blocs de roche en fusion dévalent les flancs de l'Anak, soulignant ses contours dans l'obscurité. Ils mettent un certain temps à s'éteindre. Puis surviennent de nouveau le silence et les ténèbres.

Toute la nuit, l'Anak poursuit son récital. Toutes les heures, le grondement nous fait remonter sur le pont. Pas question de dormir. De plus, le vent a tourné. Nous sommes maintenant sous le vent des nuages de cendre. La poussière et les grains de sable qui pleuvent sur nous sont encore chauds. De toute part, il n'y a qu'à tendre la main pour recueillir de la cendre. Elle reste sur la peau humide, et pas seulement là. Peu à peu, nous la sentons partout, même dans les oreilles et entre les dents.

Qu'ont donc ressenti les gens qui vécurent la gigantesque éruption de l'ancien Krakatau en 1883 ? Il nous reste à ce propos un grand nombre de récits de témoins oculaires. En effet, les Pays-Bas, la puissance coloniale qui régnait alors sur l'Indonésie, ainsi que la British Royal Society menèrent aussitôt après l'éruption des études approfondies.

Il est vrai qu'en cette fin du XIXe siècle l'engouement pour les sciences naturelles était très important. C'était en outre la première fois que les géologues avaient l'occasion d'étudier un phénomène volcanique d'une telle ampleur.

Les équipages des bâtiments de commerce britanniques et néerlandais qui parcouraient autrefois la route de la Sonde fournirent des renseignements intéressants. Dans leurs journaux de bord, il est fait mention de vapeurs soufrées asphyxiantes, de poussières dans l'air qui assombrissaient le ciel et faisaient prendre le jour pour la nuit, de couches de pierre ponce de plusieurs mètres d'épaisseur qui barraient la route du détroit de la Sonde et d'une grêle de scories et de cendre. Tant de poussière et de roche s'étaient accumulées sur les ponts des navires que bien des embarcations menacèrent de chavirer à cause de la surcharge. Dans le même temps, un fracas assourdissant se faisait entendre en permanence.

Effectivement, l'explosion la plus forte de l'éruption du Krakatau en 1883 a été entendue jusqu'en Australie centrale, à Manille et à Ceylan (actuel Sri Lanka). L'onde de pression atmosphérique de cette explosion a pu être enregistrée jusqu'à Tokyo, à près de 6 000 km de là : le baromètre y a affiché une hausse de la pression de 1,45 millibar.

Des raz de marée dévastateurs

Les employés coloniaux qui à cette époque administraient les îles indonésiennes décrivirent les ravages provoqués par les vagues mesurant jusqu'à 40 m de haut qui déferlèrent sur les régions côtières de Java et de Sumatra.
Dans la ville de Telukbetung, sur l'île de Sumatra, par exemple, une canonnière ancrée sur le rivage fut tout d'abord projetée dans le centre de la ville, puis une seconde vague lui fit de nouveau franchir la même distance et l'entraîna jusque dans la jungle. Ces vagues colossales se firent également ressentir à distance : elles ont même été captées par les enregistreurs de marée situés dans la Manche !
L'éruption de 1883 a été un événement cataclysmique. Aussi le bref grondement sourd que fait entendre l'Anak Krakatau nous donne-t-il froid dans le dos. À l'aube, nous nettoyons le bateau. De nombreux seaux d'eau sont nécessaires pour éliminer la poussière volcanique et le sable noir qui avaient envahi le pont. Puis Andi lève l'ancre. L'équipage est visiblement soulagé lorsque nous décidons de ne pas nous diriger directement vers l'île, mais de la contourner en bateau.
M. Ranu est lui-même aux commandes. Il navigue à une distance respectable du rivage. Il longe lentement les plages de sable noir jusqu'aux portions de côte où, il y a quelques mois à peine, des coulées de lave issues de la gueule de l'Anak atteignirent la mer. De larges bandes de roche noire anguleuse descendent depuis le bord du cratère. Elles sont colorées en jaune par endroits par le soufre qui s'échappe sous la forme de légères vapeurs de la lave qui n'est pas encore complètement refroidie.

Un fleuve alimenté par des sources chaudes grossit peu à peu tandis qu'il serpente entre les cendres et les blocs de pierre ponce du volcan actif Krafla, situé dans le nord de l'Islande.

Le nombre d'arbres ressemblant à des pins qui poussent sur les plages de sable, voire sur les flancs nus de cette île volcanique à peine âgée d'une soixantaine d'années, est étonnamment élevé. Ils appartiennent à la famille des casuarinacées, qui affectionnent plus particulièrement les régions tropicales. Ici et là poussent également des touffes denses d'alang-alang, une variété sauvage de canne à sucre qui atteint 1 m de haut.

On estime que dix-neuf espèces de serpents vivent dans cette forêt clairsemée, en compagnie de rats, de chauves-souris, de geckos et d'un parent éloigné du légendaire varan de Komodo. Des scientifiques britanniques et australiens viennent régulièrement sur l'archipel de Krakatau pour suivre le peuplement progressif de ces îles nouvelles. Pour eux, cet endroit est un véritable laboratoire naturel *(voir p. 136)*. Afin de déranger le moins possible l'émergence et le développement de la vie, les visiteurs ne peuvent aller sur l'île que munis d'une autorisation. Ils doivent de plus respecter les consignes, et veiller par exemple à ne pas introduire des graines, des fruits, des plantes ou des insectes.

Pour nous, le problème ne se pose pas car nous avons décidé de ne pas monter jusqu'au cratère. Après ce que nous avons observé au cours de la nuit, il n'est en effet pas exclu que nous soyons pris dans une éruption plus importante en gravissant les flancs de la montagne. Les rochers éjectés hors du cratère retombent parfois sur la plage. Nous avons d'ailleurs découvert quelques gros blocs de roche de ce type au pied du volcan en faisant le tour de l'île en bateau. Nous prenons maintenant le chemin du retour.

Le *Cantik* passe tout près de Rakata. Si les pierres pouvaient parler, cette île serait la mieux placée pour raconter ce qui s'est passé les 26 et 27 août 1883 dans cet archipel. Rakata est en effet tout ce qui reste du Krakatau originel, qui mesurait une quarantaine de kilomètres carrés. Cela se voit clairement. Même le profane comprend à la structure de ses parois rocheuses qu'il se trouve devant un cône volcanique qui s'est scindé en deux en son centre.

Rakata était l'un des appareils volcaniques de l'ancienne île de Krakatau. Les deux autres cônes volcaniques s'appelaient Danan et Perbuatan. Depuis l'éruption de 1883, ces deux cratères ont pratiquement disparu sans laisser de traces. Les géologues pensent qu'ils ont sombré dans les fonds marins. Explication : la chambre magmatique (c'est-à-dire la partie de la croûte terrestre où le magma s'accumule avant d'être projeté à l'air libre par la gueule du volcan) s'est effondrée après s'être vidée en quelques éruptions gigantesques. Ce faisant, elle a entraîné avec elle les deux îlots ainsi que la moitié de Rakata. Le fond marin s'est affaissé, et une caldera s'est formée, sorte de cuvette aux parois abruptes que l'on peut observer aujourd'hui encore sur le fond de l'océan.

L'Anak Krakatau est la preuve, s'il en faut, que la Terre ne s'est pas encore calmée dans cette région. Dès 1927, cinquante ans après la catastrophe dévastatrice, des pêcheurs ont vu monter dans l'eau des bulles de gaz et ont observé des éruptions sous-marines à l'endroit où le jeune volcan émerge aujourd'hui de l'eau. Trois petits îlots surgirent alors, mais ils furent rapidement recouverts par la mer. Seule la quatrième île, qui est apparue le 12 août 1930, a pu résister aux vagues et atteindre sa taille actuelle.

Sorti du ventre des volcans

Le magma incandescent peut sortir de la bouche du volcan de trois manières : il s'écoule du cratère en torrents de feu. Ou bien il est fragmenté et pulvérisé par la violence de l'explosion ; des nuages volcaniques s'élèvent ensuite dans les airs, atteignant une altitude de plusieurs kilomètres. Ou encore, il dévale les flancs du volcan à toute allure sous forme de nuées ardentes grises.

Double page précédente.
Coulée de lave incandescente du volcan Kilauea, dans le Pacifique (Kamoamoa Beach, Big Island, Hawaii).

Ci-contre.
Doublé : il est rare que le Stromboli émette simultanément des panaches volcaniques depuis deux des cinq bouches actives de son cratère (îles Lipari, sud de l'Italie).

Dans le roman de Jules Verne *Voyage au centre de la Terre*, M. Lidenbrock, professeur de géologie à Hambourg, n'a pas hésité une seconde : pour découvrir à quoi ressemblait l'intérieur de notre planète, il a tout simplement pénétré dans ses profondeurs par le cratère du Sneffels, volcan islandais qui s'appelle aujourd'hui Snaeffelsjökull, afin d'en explorer l'entrelacs de souterrains et de cavernes. C'est lors d'une éruption du Stromboli, au large de la Sicile, que le professeur et ses compagnons ont ensuite été « recrachés » à la surface de la Terre.

Il n'est malheureusement pas aussi facile de reconnaître le lieu d'origine du magma, qui, dès qu'il s'échappe du cratère et parvient à la surface, devient de la lave. En effet, la Terre est une « masse ardente ». Les mineurs le sentent tous les jours lorsqu'ils descendent dans les puits. La température augmente à peu près de 3 °C tous les 100 m. À proximité de volcans, elle s'élève encore plus rapidement. À quelques kilomètres, voire par endroits à quelques mètres de profondeur, elle atteint parfois plusieurs centaines de degrés. C'est le magma, qui sous les volcans se rapproche de la croûte terrestre, qui est à l'origine de cette chaleur.

Les techniques modernes de forage permettent aujourd'hui de pénétrer jusqu'à des zones où la température atteint 300 °C. Elle dépasse toutefois 1 500 °C à l'endroit où l'on pense que le magma se forme. Il ne reste donc plus aux scientifiques qu'à faire une « radiographie » de la Terre avec leurs appareils et à interpréter les diagrammes qu'enregistrent leurs instruments.

Sur la base de ces images, les chercheurs pensent qu'à des profondeurs comprises entre 100 et 300 km sous les volcans la roche est partiellement fondue. Du fait de la pression élevée qui y règne, le « magma » n'y est toutefois pas liquide, mais plutôt visqueux, un état que l'on a du mal à imaginer. Les spécialistes pensent actuellement que cette masse visiblement plastique est plus mobile que la roche environnante, beaucoup moins pâteuse. En outre, le magma, qui est plus chaud que la roche environnante, est d'une densité moindre. C'est pourquoi il peut remonter jusqu'à la surface terrestre.

Au cours de son ascension, il s'accumule dans plusieurs réservoirs que l'on appelle « chambres magmatiques ». Personne ne sait exactement comment elles se présentent. On imagine qu'il s'agit de zones parcourues d'un grand nombre de failles et de fissures. Dans ces « zones de faiblesse » de la croûte terrestre, le magma se fraie une place en étant injecté par le bas.

On suppose que dans ces réservoirs la matière bouillonne et clapote comme dans une chaudière à vapeur. La roche des parois des chambres magmatiques fond partiellement et se mêle à la « bouillie ardente ». Si une forte poussée s'exerce alors depuis le bas, la pression s'élève, le magma incandescent monte dans la cheminée et le volcan explose.

Les ingrédients du magma

Le matériau en fusion chargé de gaz qui sort des entrailles des volcans peut, en résumé, quitter la cheminée de trois façons : soit il est expulsé avec une telle violence qu'il s'élève dans les airs sous la forme d'un nuage volcanique à des centaines ou des milliers de mètres de hauteur, soit il dévale les flancs du volcan sous la forme d'une avalanche ou d'une nuée ardente, soit il s'écoule assez calmement du cratère sous la forme de coulées de lave. Or, la composition chimique du magma est un élément décisif quant à la

façon dont il parvient à la surface de la Terre. On peut se représenter le magma comme une « bouillie » de matières rocheuses en fusion. Le dioxyde de silicium, encore appelé « silice », est un élément déterminant. Il joue en quelque sorte le rôle de la farine dans une pâte à gâteaux. Moins le magma contient de silice, plus il est fluide.
Vient ensuite la teneur en gaz. Lorsque le magma remonte des profondeurs de la Terre, tous les gaz sont encore dissous dans la masse en fusion du fait de la pression élevée. Plus il s'approche de l'ouverture du cratère, plus la pression décroît. Les gaz se séparent alors du magma. Comme le gaz carbonique dans une bouteille de champagne que l'on vient de déboucher, ils forment des bulles qui remontent vers le haut.
Si le magma contient peu de silice, il lui est plus facile de libérer les gaz, et les éruptions sont donc moins violentes. À des températures relativement élevées, le magma forme dans ce cas des coulées de lave incandescentes qui se répandent sur les flancs du volcan.
En revanche, si le magma contient beaucoup de silice, il est très pâteux et dégaze difficilement. Lorsque apparaît un magma de ce type, il se forme, même si la température est encore relativement basse, une pellicule résistante, voire un bouchon, qui obstrue la cheminée du volcan. Si sous ce bouchon la pression augmente trop, le mélange est expulsé du cratère très violemment. Le magma en fusion est fragmenté et projeté dans les airs et retombe sur le sol sous forme de cendre, de bombes, de pierre ponce ou de scories ; ou bien le magma dévale les flancs du volcan comme une nuée ardente.
Ce sont tous ces phénomènes que nous allons maintenant décrire plus précisément.

Dans le jargon spécialisé, les bombes volcaniques sont de gros fragments de lave qui sont projetés hors du cratère lors de violentes éruptions et qui parcourent des kilomètres avant de retomber. Ce bloc noir d'une cinquantaine de centimètres de diamètre provient (comme les plus petits fragments de lave, le sable et la poussière, des environs) du cratère du volcan Mutnosky, qui fume en arrière-plan (Kamtchatka, nord-est de la Sibérie).

Lorsqu'il pleut des pierres

Conformément au dicton « Il n'y a pas de fumée sans feu », on croyait autrefois que les volcans étaient en quelque sorte les cheminées d'évacuation de feux brûlant à l'intérieur de la Terre. C'est pourquoi on désigna alors par le mot de « cendre » la poussière et le sable qui étaient propulsés hors du cratère dans les gros nuages volcaniques. Les savants appelèrent « scories » les lambeaux de lave incandescents rejetés hors de la cheminée pendant une éruption et qui retombaient sur le sol en fragments rugueux aux formes étranges.

Ce sont les nombreuses études organisées par la commission de la British Royal Society après l'éruption du Krakatau en 1883 qui permirent d'établir qu'il ne s'agissait pas de produits de combustion habituels, provenant par exemple de gisements de charbon souterrains qui seraient en feu.

Les scientifiques nommés par cette commission examinèrent des particules de cendre au microscope. Elles provenaient de prélèvement effectués sur le pont de l'un des navires marchands qui naviguaient justement sur le détroit de la Sonde, entre les îles de Java et de Sumatra, pendant les éruptions dévastatrices. Sous le grossissement du microscope, ils s'aperçurent qu'il ne s'agissait absolument pas de cendre telle qu'en produit un poêle par exemple. Les petits grains sombres s'avérèrent être de minuscules fragments de roche vitreuse.

Aujourd'hui, les volcanologues désignent par « cendre volcanique » tout matériau projeté par un volcan en éruption formant des nuages de fumée gris et dont le diamètre n'excède pas 2 mm. Si la particule mesure moins de 1/16 de millimètre, il s'agit d'une poussière. Les cendres et les poussières

volcaniques apparaissent lors d'explosions fortes, quand de grandes quantités de gaz volcaniques sont en jeu et lorsque le magma propulsé hors du cratère est fragmenté par la violence de l'explosion sous la forme de minuscules gouttelettes. Suivant la puissance de l'éruption, ce matériau est parfois propulsé dans l'atmosphère à plusieurs kilomètres de hauteur. Certains nuages volcaniques ont atteint une altitude de près de 50 km.
Dans les environs les plus proches du volcan, la cendre redescend sous forme de pluie et recouvre le paysage d'une couche de neige minérale grise.
Quant à la poussière, plus fine, elle peut, si elle a atteint une altitude suffisante, faire le tour du monde. Et, parce qu'elle bloque les rayons du soleil, elle est également susceptible d'influencer le climat et la météorologie très loin du volcan *(voir « Le tour du monde en 21 jours » p. 117)*.

Des projectiles dangereux

Si les débris sont plus gros que des cendres, on parle de « lapilli ». Le terme a été emprunté aux ouvriers des carrières italiennes et signifie « petit caillou », ce qui peut induire quelque peu en erreur car on compte également parmi les lapilli des fragments de la taille d'une noix. Les bombes, enfin, sont des éléments plus volumineux projetés sous la forme de lambeaux de lave incandescente au cours des éruptions violentes. Si elles prennent un mouvement de rotation pendant leur vol, elles ont alors une forme arrondie, souvent fuselée. On trouve un type de bombes particulier sur Vulcano, l'une des îles Lipari, au sud de l'Italie, dans la mer Thyrhénienne. L'île doit son nom au dieu du Feu des Romains, Vulcain, qui était censé y avoir installé l'une de ses forges. On lui doit également le mot « volcan ».

Des blocs rugueux : la lave appelée « aa » consiste en une formation grossière, anguleuse. Les Polynésiens d'Hawaii l'ont baptisée ainsi parce qu'ils poussaient des cris de douleur en marchant pieds nus sur ces coulées. Le terme est désormais utilisé par les spécialistes du monde entier (front d'une coulée de lave « aa » sur l'Etna, Sicile).

De grosses bouses : lorsque la croûte du front d'une coulée de lave fluide se fissure, le magma progresse dessous en coulant comme du miel. Les Polynésiens ont donné à ce type de coulées de lave, dont la surface est soit lisse, soit plissée en cordages bien praticables, le nom de lave pahoehoe, *c'est-à-dire de la lave sur laquelle on peut marcher pieds nus (Kilauea, Big Island, Hawaii).*

Le volcan de cette île, la Fossa, qui ne mesure que 500 m de hauteur, est facile à gravir. Juste au-dessous de son cratère, sur le pourtour duquel s'échappent par endroits d'épais nuages de vapeur, on rencontre régulièrement des fragments rocheux très particuliers qui émaillent le paysage désert. Ces bombes dites « en croûte de pain » ressemblent en effet à des miches fraîchement sorties du four. Il en existe de plus ou moins imposantes : depuis la taille d'une balle de tennis jusqu'à des colosses de plusieurs mètres de diamètre. La raison de leur drôle d'aspect tient dans le fait que les fragments de lave abritent en leur sein une grande quantité de gaz lorsqu'ils sont projetés hors du cratère. Une fois dans l'air, ils commencent à se refroidir et une croûte dure se forme alors autour du noyau incandescent. C'est ainsi qu'ils s'écrasent sur le sol. Lorsque le gaz se fraie un chemin vers l'extérieur, il déchire la croûte.

À deux heures de bateau de Vulcano surgit de l'eau le cône du Stromboli, haut de plus de 900 m. Comme il est connu depuis toujours pour projeter régulièrement et à intervalles assez rapprochés des fragments de roche en fusion, visibles de loin, qu'il catapulte depuis les bouches actives de son sommet, les marins de l'Antiquité le baptisèrent le « phare de la Méditerranée ».

Sur le Stromboli, il est possible d'observer, en respectant une distance de sécurité, ce qu'est réellement une « pluie de pierres ». Ce phénomène est encore plus visible au crépuscule. On entend tout d'abord un fracas dans le ventre de la montagne. Soudain, une fontaine de fragments de roche noirs et incandescents jaillit de l'une des bouches du volcan jusqu'à 100 voire 200 m de hauteur. S'entrechoquant bruyamment comme des pierres qui volent en éclats, les scories viennent heurter le sol. Quelques-unes jaillissent

S'agit-il de la peau d'une salamandre terrestre ou de la carapace d'une tortue ? En fait, ce sont des lichens qui donnent à cette petite colline de lave pahoehoe refroidie sa structure réticulée (Kilauea, Big Island, Hawaii).

par-dessus le cratère en terrasses et dévalent la *sciara del fuoco* (la « route du feu », un éboulis où rien ne pousse) jusqu'à la mer. Puis la cendre volcanique en suspension dans l'air se dépose progressivement en pluie, tandis que le vent emporte la poussière par-delà la mer.

Il était bien plus dangereux de se trouver dans le voisinage de l'Arenal, un perfide volcan du Costa Rica, lorsque celui-ci se réveilla en 1968 pour la première fois depuis très longtemps.

Comme s'il avait dû s'aérer un peu avant que la lave puisse s'écouler de son cratère, il déboucha sa cheminée avec véhémence. Outre des bombes incandescentes, d'énormes blocs rocheux furent alors catapultés hors du cratère. La puissance de l'explosion les avait arrachés aux parois de la cheminée. Bon nombre de ces projectiles n'atterrirent qu'après avoir parcouru 5 km depuis le volcan. Pour qu'ils aient pu parcourir cette distance, les spécialistes ont calculé qu'ils avaient dû être projetés à une vitesse de 2 000 km/h. À l'impact, les blocs ont creusé des entonnoirs de plusieurs mètres de profondeur dans le sol. Cette terrible grêle dévasta une zone de plus de 10 km^2 tout autour du volcan.

Les pyroclastites

« Pyroclastite » est formé de deux mots grecs : *pyros*, « feu », et *klastos*, « brisé ». C'est par ce terme générique que les scientifiques désignent la poussière et la cendre volcanique, les lapilli, les scories et les bombes, c'est-à-dire tous les fragments qui sont projetés dans les airs lors d'une éruption. Ce terme englobe également la pierre ponce.

La lave dans son rôle de bâtisseur : le célèbre tunnel de lave situé sur l'île d'Hawaii, le Thurston Lava Tube, mesure jusqu'à 6 m de hauteur. Un boyau de ce type se forme lorsqu'une coulée de magma relativement fluide commence à refroidir et que ses flancs ou sa surface se figent. La roche en fusion continue à s'écouler à l'intérieur de ce tube. Isolée thermiquement, la coulée peut encore parcourir de grandes distances. Une fois tout le flux incandescent écoulé, il reste le tunnel.

Chacun connaît, pour en avoir une dans sa salle de bains, cette pierre légère et poreuse qui flotte sur l'eau. Les ponces se forment lorsque du magma très riche en gaz et en silice se met à mousser fortement lors de son ascension dans la cheminée. Les blocs mousseux sont ensuite violemment expulsés et refroidissent très vite.

Parmi les matériaux éjectés des entrailles de la Terre, ce sont, pour la plupart des volcans actifs, les pyroclastites qui se taillent la part du lion. Les volcans situés sur la ceinture de feu du Pacifique évacuent jusqu'à 90 % de leur magma dans l'air, tandis que seulement 10 % donnent des coulées de lave.

Les nuées ardentes

Les nuages volcaniques ne s'élèvent toutefois pas toujours haut dans les airs. Lorsque l'un d'entre eux est fortement chargé en gaz, en poussière et en cendre, il ne peut plus monter dans l'atmosphère du fait de sa forte densité. Il déborde du cratère. Comme une avalanche de poussière grise, il dévale alors les flancs du volcan à une vitesse comprise entre 100 et 500 km/h. Les gaz qui s'échappent en permanence de ce mélange, dont la température atteint plusieurs centaines de degrés, se détendent, jouant un rôle déterminant. Ce sont eux en effet qui donnent à ce nuage sa grande mobilité. Les scientifiques désignent ce phénomène par le terme de « nuée ardente », ou « coulée pyroclastique ». Une nuée ardente engloutit tout ce qui se trouve sur son passage. Quiconque est pris entre ses griffes est perdu à jamais.

L'une des nuées ardentes les plus importantes s'est produite en 1902 sur l'île de la Martinique. Plusieurs jours avant la grande éruption, la montagne Pelée avait déjà commencé à cracher des nuages de vapeur. La terre avait déjà été secouée de légers soubresauts. Un grand nombre de personnes avaient donc fui les villages situés au pied du volcan pour se réfugier dans la ville côtière de Saint-Pierre. Lorsqu'une nuée rougeoyante de 900 °C s'abattit sur la ville, ses gaz incandescents brûlèrent mortellement 28 000 personnes. Rares furent les survivants de cette tragédie. Parmi eux se trouvaient un prisonnier dont la fenêtre du cachot était murée, ce qui le protégea de la nuée, et quelques matelots dont le bateau était ancré suffisamment loin du port.

Autre exemple de nuée ardente, celle produite en 1963 par le volcan Gunung Agung, sur l'île indonésienne de Bali. Le volcan, qui, selon l'hindouisme balinais, est le domaine des dieux et le centre de l'univers, se réveilla soudainement après six cents ans de calme. Cela se produisit le jour même où les fidèles célébraient à Pura Besakih, le grand temple situé au pied du volcan, l'une de leurs principales cérémonies religieuses. Une foule importante s'y était donc rassemblée.

Au cours de plusieurs explosions dévastatrices, le Gunung Agung cracha tant de cendre et de poussière, de bombes et de lapilli que plusieurs villages furent engloutis et un cinquième de l'île fut dévasté. Près de 1 200 personnes périrent dans la catastrophe. Un grand nombre de Balinais, qui croient à la puissance divine des forces de la nature, sont persuadés que ce sont les dieux qui ont réactivé le volcan. Ils se seraient ainsi vengés du manque de dignité avec lequel les prêtres auraient célébré les rites d'ouverture de cette fête qui n'a lieu que tous les cent ans.

Page de gauche.
La fissure qui court dans le champ de lave entre les cratères des Montañas del Fuego, sur Lanzarote, (Canaries), suit un tunnel de lave de plusieurs kilomètres de long dont la couverture est brisée par endroits.

Ci-contre.
Le niveau des diverses coulées de magma qui se sont déversées dans ce tunnel de lave de 2 m de haut environ est indiqué par la présence de plusieurs bourrelets sur la paroi du tunnel.

Des héritages perfides

Les nuées ardentes comme les pluies de cendre laissent derrière elles des dépôts spécifiques à partir desquels les volcanologues peuvent, des milliers d'années plus tard, déterminer de quel type d'éruption il s'agissait.
Les dépôts des pluies de cendre sont caractérisés par des strates nettement distinctes les unes des autres, chacune disposant ses éléments les plus grossiers en bas et ses constituants les plus fins en haut.
En effet, en retombant sur le sol, la poussière et le sable sont naturellement classés sous l'influence de la gravité. Les particules les plus grosses et les plus lourdes tombent les premières, puis viennent les plus légères. Chaque nuage de cendre laisse derrière lui une strate. Lorsque, au fil des ans, les couches de cendre se solidifient, les géologues parlent de « tuf ».
Les scientifiques ont ainsi découvert plusieurs « cycles de cendre » de ce type en fouillant le site de Pompéi. La couche de tuf sous laquelle la ville romaine a été engloutie après l'éruption du Vésuve en 79 ap. J.-C. mesurait 6 m d'épaisseur (*voir aussi p. 104-105*). Après ces pluies de cendre, il semble qu'une nuée ardente se soit abattue sur Pompéi, laissant derrière elle une importante couche de dépôts non triés.
Comme les nuées ardentes se propagent à proximité et parallèlement au sol à une très grande vitesse, les matériaux qu'elles transportent ne peuvent pas être triés ni se déposer dans un ordre qui serait fonction de leur poids. Une fois solidifié, un dépôt de nuée ardente ressemble à du béton. Certaines coulées particulièrement volumineuses sont appelées « ignimbrites », mot qui vient du latin *ignis*, « feu », et *imber*, « ris » (pluie).

Un spectacle grandiose : la lave du volcan hawaiien Kilauea se déverse en cascades de lave dans l'océan Pacifique.

Des coulées incandescentes

Laissons de côté les éruptions fortement explosives au cours desquelles le magma est pulvérisé en minuscules particules, ou propulsé en lambeaux dans les airs avec les gaz qu'il contient, ou bien encore se déverse sur les flancs des volcans en nuées ardentes. Passons maintenant aux éruptions au cours desquelles le magma très chaud se dégaze lentement, arrive donc moins violemment à la surface de la Terre et sort du cratère sous la forme de coulées de lave.

La vitesse d'écoulement de la lave peut être étonnamment rapide. Des volcanologues russes ont mesuré très tôt la vitesse de ces épanchements de magma. Dès 1938, en effet, ils l'ont déterminée dans l'une des régions les plus isolées du monde, sur le Kliuchevskoi, qui, avec 4 750 m d'altitude, est le volcan à activité historique le plus haut d'Asie. Il se trouve dans la péninsule du Kamtchatka, qui, depuis le nord-est de la Sibérie, s'avance comme un éperon dans le Pacifique et compte parmi les régions volcaniques les plus actives de la planète *(voir p. 52 et 110)*. C'est donc là que les spécialistes purent suivre très précisément comment se refroidissait la matière en fusion pour devenir une masse visqueuse. À 10 m du cratère (la lave s'écoulait du Biljukai, un cratère adventif du Kliuchevskoi), la vitesse de la coulée était de 30 m/min, alors qu'à 100 m du cratère la lave n'avançait plus qu'à 6 m/min et que, 1 km plus loin, elle ne progressait plus qu'à la vitesse de 50 cm/min.

À ce jour, c'est sur Hawaii que l'on a enregistré la coulée de lave la plus rapide. En un point situé sur une pente de 30°, le flot de lave progressait à 900 m/min, soit près de 55 km/h. Ce type de lave contient peu de silice, ce qui la rend très fluide. À la sortie de

Un tableau de la nature : ce sont les oxydes de fer qui donnent à la caldera de los Cuervos, l'un des 300 cratères qui ponctuent l'île de Lanzarote, aux Canaries, ses tons rouges et jaunes.

la cheminée, sa température est comprise entre 1 100 et 1 200 °C. On peut estimer la température de la lave en fonction de sa couleur : c'est jaune qu'elle est la plus chaude (plus de 1 200 °C). Rouge, elle est comprise entre 900 et 1 100 °C. Lorsqu'elle descend en dessous de 900 °C, elle devient rouge foncé, brune, puis noire.
Le magma qui arrive en surface à Hawaii est encore fluide entre 600 et 700 °C. Lorsqu'il refroidit davantage, il se solidifie progressivement et prend alors deux formes différentes. Si le magma refroidit en prenant la forme de blocs anguleux, scoriacés, on parle de lave « aa », d'après le cri de douleur poussé par quiconque (et pas seulement les Hawaiiens !) marche pieds nus sur ces roches rugueuses. Même les bonnes chaussures sont rapidement râpées par les arêtes coupantes de la lave. Si, en revanche, la lave forme en refroidissant des dalles plates ou si les coulées se plissent en cordages lisses, la lave porte le nom polynésien de *pahoehoe,* qui signifie à peu près « sur laquelle on peut marcher pieds nus ». Ce concept a été repris dans le monde entier pour la description de la lave refroidie (*voir photos p. 24 et 25*).
Les coulées de lave pahoehoe peuvent parfois s'avancer sur des kilomètres. En effet, même lorsque leur surface se solidifie, le magma continue à couler en glissant sous cette croûte, comme isolé de l'air extérieur rafraîchissant par une fine paroi rocheuse. La lave s'écoule donc comme à l'intérieur d'un canal couvert. Des bourrelets de lave restent accrochés aux parois, témoins du niveau des coulées de magma qui ont circulé dans le tunnel. Ces tubes sont si imposants qu'un homme peut s'y déplacer, légèrement courbé ou parfois totalement redressé. Le plus connu de ces tunnels, le Thurston Tube d'Hawaii, mesure jusqu'à 5 m de diamètre par endroits (*voir photos p. 28-29, 30 et 31*).

Des lacs de roche liquide

On peut observer une particularité supplémentaire sur le Kilauea : la lave se rassemble parfois dans le cône du cratère pour y former des lacs incandescents mesurant jusqu'à 1 km de diamètre et 15 m de profondeur. De spectaculaires processus se déroulent à leur surface. Comme la lave, qui est à plus de 1 000 °C, est en train de refroidir, une croûte sombre apparaît en surface. Or, la masse ardente qu'elle recouvre est constamment en mouvement, entraînant la fissuration de la croûte. Des plaques indépendantes se forment et plongent dans le lac de feu en glissant les unes sous les autres.
Les lacs de lave les plus récents d'Hawaii sont apparus entre 1959 et 1965 et se sont refroidis depuis. Les scientifiques de l'observatoire du volcan de Kilauea considéraient ces lacs comme des laboratoires naturels dans lesquels ils pouvaient étudier ce qui s'était déroulé d'un point de vue physique et chimique au cours des vingt-cinq années qu'a duré le refroidissement de la lave.
Le lac de lave le plus connu d'Hawaii est le Halemaumau, ce qui signifie la « fosse de feu », refroidi en 1924. Les Polynésiens le considéraient comme la résidence de leur déesse du Feu, Pelé. Pour qu'elle soit d'une humeur paisible, les Hawaiiens organisaient jusqu'au siècle dernier des pèlerinages sur le pourtour de son cratère. De nombreux porcs furent sacrifiés pour lui plaire, jusqu'à ce qu'un jour, selon la légende, la femme d'un chef de tribu, une chrétienne, jette des pierres dans le lac, au grand effroi de tous les membres de la tribu. Or, rien ne se passa. La femme du chef avait atteint son but.
Un grand nombre d'habitants renièrent ce jour-là la déesse du Feu. Toutefois, de nombreux Hawaiiens croient encore aujourd'hui à

la puissance de ces impressionnantes montagnes cracheuses de feu *(voir p. 78)*.
L'Islande a été véritablement inondée de lave lors de l'éruption unique mais gigantesque du Laki en 1783, au cours de laquelle 12 km^3 de lave s'écoulèrent en trois mois de cette fissure éruptive de 25 km de long. C'est le plus grand épanchement de lave des temps historiques en une seule éruption. Il a rempli deux vallées fluviales et recouvert plus de 500 km^2.
Comparée à celle qu'a connue en 1980 le mont Saint Helens, dans l'État de Washington, aux États-Unis, cette éruption ne fut pas très violente. Après quelques éruptions de cendre, la lave se mit à couler sans bruit. Cependant, les gaz volcaniques qui se dégagèrent étaient toxiques, et ils provoquèrent une catastrophe. Une grande partie du bétail de l'île périt tandis que le gaz se répandait sur les prés comme un tapis mortel, tuant par la même occasion les végétaux. La famine qui s'ensuivit causa la mort de 10 000 personnes, un cinquième de la population de l'île à l'époque.

Ci-dessus.
À Hawaii, les coulées de lave plissées en draperie aux motifs fascinants sont colonisées par les premiers végétaux quelques mois seulement après leur refroidissement. Il s'agit souvent de fougères, comme on le voit en haut de cette photo. Elles plongent leurs racines dans de petites fissures qui leur procurent une humidité suffisante et une protection efficace contre la chaleur (Kilauea, Big Island, Hawaii).

Éclaboussures : les gaz qui circulent dans le magma peuvent faire exploser une coulée de lave à l'allure calme, même si elle est recouverte d'une croûte dure ; la lave rouge en fusion transperce alors la croûte sombre et est projetée, fragmentée dans les airs (Kilauea, Big Island, Hawaii).

Des coussins ardents au fond de la mer

La majeure partie de la lave pauvre en silice, et donc relativement fluide, ne s'écoule cependant pas sur la terre ferme, mais au fond des mers, le long d'immenses chaînes de montagnes qui parcourent les fonds marins *(voir « Sur les coutures de la croûte terrestre », p. 57 et suivantes)*.

Cependant, personne n'a jamais pu observer directement ce qu'il advenait sous les mers de la lave fluide qui venait de s'épancher d'une fissure. Ces phénomènes sont néanmoins comparables à ceux qu'ont pu suivre des plongeurs au large de la côte hawaiienne. Sur ces îles en effet, des coulées de lave de plus de 1 000 °C arrivent jusqu'à la mer et poursuivent un peu, par endroits, leur chemin sous l'eau avant de se figer. Au contact de l'eau de mer, froide, la lave se couvre rapidement d'une pellicule solide. Des boules composées d'un noyau en fusion et d'une croûte solide se détachent du front de la coulée de lave, s'agglutinent les unes aux autres, appuient les unes sur les autres et se déforment mutuellement pour prendre la forme de coussinets. Les spécialistes appellent généralement ces polochons de lave de leur nom anglais, *pillow lavas*.

Lorsque la lave se refroidit

Revenons aux volcans continentaux. Lorsque le magma qui arrive à la surface est très riche en silice, et donc très visqueux, il peut obstruer la cheminée comme un bouchon. Du fait de la pression élevée exercée par la poussée du magma, la lave sort alors de la cheminée du volcan comme de la pâte d'un tube de dentifrice et forme une coupole qui, au fil des semaines, des mois et des années, gagne centimètre après centimètre et devient de plus en plus volumineuse. Les spécialistes parlent alors d'un dôme ou d'une aiguille de lave.

Sur le mont Saint Helens, dans l'État de Washington, situé dans le nord-ouest des États-Unis, de tels dômes de lave commencèrent à se former au lendemain de la grande explosion de mai 1980. L'un d'entre eux mesurait 300 m de diamètre et 65 m de hauteur. Il ne résista pourtant pas à la pression exercée dans la cheminée et qui le détruisit. Un nouveau dôme de lave s'est formé au même endroit. Du fait de l'approvisionnement constant en magma frais, il a atteint depuis 1 km de diamètre et 250 m de hauteur *(voir aussi p. 98)*. Il expulse de temps en temps en surface de la lave pâteuse qui refroidit en blocs et dévale ensuite ses flancs. Le « bouchon » qui obstrue le cratère du mont Saint Helens est actuellement tranquille.

La lave peut également refroidir en prenant la forme d'une roche qui a l'aspect d'un verre noir. C'est l'obsidienne. Comme elle est très dure et qu'elle donne des éclats tranchants comme la lame d'un couteau, les hommes en firent dès l'âge de pierre des pointes de flèche et des lances. Les Aztèques l'utilisaient encore au XVe siècle pour réaliser des statuettes, des bijoux et les couteaux tranchants avec lesquels, si l'on en croit les récits des conquérants espagnols, ils prélevaient le cœur des victimes vivantes qu'ils avaient choisies de sacrifier à leurs dieux.

L'obsidienne partage avec le verre qui sert à fabriquer les vitres ou les bouteilles la caractéristique d'être refroidie brutalement depuis sa température de fusion et de posséder donc une structure dite « amorphe ». Dans ce cas, les divers atomes n'ont pas le temps de s'organiser, comme dans une roche en fusion au refroidissement plus lent, selon une maille cristalline. Ils s'organisent donc de façon complètement aléatoire. La lave dont l'obsidienne est issue est à plus de 1 000 °C. C'est pourquoi elle est fluide, en dépit de sa haute teneur en silice. Dès qu'elle sort à l'air libre et frais, elle est donc pour ainsi dire « saisie » (en termes techniques, on parle de « trempe »). C'est la présence de fer très finement disséminé dans la matrice qui donne à l'obsidienne sa belle couleur noir brillant.

Les tuyaux d'orgue de l'enfer. C'est du manteau terrestre qu'est originaire la lave dite basaltique. Lorsqu'elle refroidit et, ce faisant, se contracte apparaissent des fissures de retrait qui débitent la coulée en prismes verticaux dressés les uns contre les autres, formant des colonnes impressionnantes (Litlanesfoss, vallée du Lagarfljot, Islande orientale).

Comme si les volcans respiraient, des vapeurs irritantes s'échappent de leurs évents et de leurs fissures. Des sources chaudes et des geysers

Dans la cuisine du diable

témoignent par ailleurs de la chaleur qui règne dans les sols volcaniques.

Ci-contre.
De nombreux volcans indonésiens sont vénérés comme des montagnes sacrées. C'est également le cas du Bromo, qui tire son nom du dieu hindou Brahma en l'honneur duquel un temple été érigé au pied du volcan. Sa gueule grise crache en permanence de la vapeur d'eau. Le mont Batok, en revanche, ne donne plus aucun signe de vie. Les sillons d'érosion radiaux qui parcourent ses flancs le font ressembler à un pudding que l'on vient de démouler (est de Java, Indonésie).

La pleine lune plonge l'épais nuage de vapeur dans une lumière spectrale. Il s'élève de 100 à 200 m d'altitude depuis la large gueule du Bromo. Ce volcan, dont le nom évoque le dieu hindou Brahma, se trouve dans la caldera du Tengger, l'un des plus gros « chaudrons éruptifs » du monde, situé dans l'est de l'île indonésienne de Java. Il y a des millions d'années, une éruption violente y eut lieu. Lorsque la chambre magmatique vide s'est effondrée, elle a laissé cette cuvette de plus de 80 km².

Depuis, sept nouveaux cônes volcaniques sont apparus, dont le Bromo, l'un des plus actifs. Avec sa forme compacte, il a l'air un peu massif à côté du Batok, son voisin aux formes élégantes. Comme la bouche du cratère se voit mieux dans l'obscurité que de jour, nous nous mettons en route le soir. La marche qui sépare le bord de la caldera du Bromo dure une heure environ. Nous arpentons une grande plaine dénudée, une mer de sable et de poussière. On n'entend aucun bruit. Le sol absorbe chaque pas. Dans le clair de lune argenté, nous ne risquons pas de nous tromper de chemin. Nous passons devant les pagodes d'un petit temple, les seuls bâtiments en vue dans cette région déserte. Une large piste sinueuse serpente ensuite entre les collines sablonneuses qui se trouvent en bas du Bromo.

Nous voici enfin au pied d'un escalier de béton abrupt qui mène, quelque 100 m plus haut, sur les bords du cratère. Le Bromo doit être le seul volcan actif au monde que l'on puisse gravir confortablement en montant un escalier.

Double page précédente.
Dépôts de soufre dans un champ de fumerolles sur le volcan Mutnovsky (Kamtchatka, nord-est de la Sibérie).

L'épaisse croûte grise que l'eau chaude très minéralisée dépose sur les rochers rappelle la carapace d'un saurien. Les algues et les bactéries qui aiment la chaleur la colorent en effet par endroits en jaune ou en vert (Dolina Geyzerov, Kamtchatka, nord-est de la Sibérie).

Comme aux portes de l'enfer

Un léger vent a dispersé l'épais nuage de vapeur. La vue vers le cratère du volcan est dégagée. Les parois rocheuses tombent sur une centaine de mètres jusqu'au sol sableux du cratère qui obstrue la cheminée comme un couvercle plat. Des visiteurs très courageux sont même descendus pour immortaliser leur identité au moins jusqu'à la prochaine pluie : ils ont tracé leur nom en grosses lettres d'imprimerie dans le sable.

En un point, sur le bord, le « couvercle » n'est pas tout à fait étanche. C'est là que se trouve le trou qui va nous permettre de jeter un coup d'œil dans la cheminée de ce volcan qui a l'air si inoffensif.

De jour, on ne voit presque rien. La nuit, en revanche, il en sort une lumière rougeoyante et des flammes s'en échappent, comme si le magma se tenait prêt pour la prochaine éruption. Nous sommes soudain conscients de la proximité de ce puissant cracheur de feu. Nous avons l'impression d'être aux portes de l'enfer.

Ce n'est cependant pas la matière en fusion que l'air fait rougeoyer. Ce sont les gaz que contient le magma qui bouillonne dans les profondeurs. De là s'échappent surtout de la vapeur d'eau, du gaz carbonique (CO_2), du dioxyde de soufre (SO_2), de l'hydrogène sulfuré (H_2S), mais aussi de l'acide chlorhydrique, du méthane, de l'hélium, etc. C'est, la plupart du temps, la vapeur d'eau qui prédomine et s'échappe du cratère en un épais nuage qui s'élève dans le ciel.

Lorsque les gaz ne parviennent pas à se séparer du magma aussi facilement, ils s'accumulent dans la matière en fusion, entraînant la formation d'un mélange hautement explosif. Le Bromo montre alors sa violence cachée, comme en 1980 et en 1983, lorsque des nuages de cendre ont jailli de son cratère. Depuis 1804, il est ainsi entré en éruption deux à cinq fois par décennie. Il n'a cependant jamais fait de mal à personne. Seuls quelques champs situés à proximité de la caldera du Tengger ont été endommagés.

Page de droite. *Les gaz volcaniques et la chaleur provenant du centre de la Terre font bouillonner cette argile rouge. La marmite de boue a un diamètre de 5 m environ (Dolina Geyzerov, Kamtchatka, nord-est de la Sibérie).*

Dans le lac bleu turquoise du Maly Semiachik, un volcan de la péninsule russe du Kamtchatka, un bain serait mortel. Les vapeurs sulfureuses qui percolent au fond du lac transforment l'eau en un acide très corrosif (pH = 1).

Des émanations corrosives

Ce sont les gaz dissous dans le magma qui sont le moteur des éruptions volcaniques. La quantité de gaz qui circule dans le magma et la vitesse à laquelle ils peuvent s'en échapper déterminent de façon décisive le type d'éruption (*voir p. 19 et suivantes*). Pour étudier les différentes composantes de ces gaz, les volcanologues ne doivent pas ménager leurs peines. Le prélèvement d'émanations fraîchement sorties de la lave est une tâche particulièrement difficile.

C'est à ce jour sur les lacs de lave d'Hawaii que les volcanologues ont connu le meilleur taux de réussite en la matière. Le vent dans le dos et revêtus de leur costume ignifugé en aluminium qui renvoie 90 % de la chaleur, portant des casques en fibres de verre et des masques à gaz leur couvrant le nez et la bouche, ils ont réussi à s'approcher suffisamment de la roche en fusion pour pouvoir prélever des échantillons de gaz. Ils se sont également protégés avec des plaques d'amiante qu'ils tenaient devant eux comme des pare-chaleur.

L'analyse des gaz ainsi capturés a révélé un mélange hautement toxique et corrosif. En dehors de la grande quantité de vapeur d'eau et de dioxyde de carbone, ils ont identifié des acides chlorhydrique et fluorhydrique, des composés sulfurés et du monoxyde de carbone, de l'hydrogène, de l'azote, ainsi que du méthane, de l'ammoniac et des substances ferreuses, pour ne citer que les principaux.

Ces substances volatiles n'émanent cependant pas seulement directement du magma et de la lave, mais s'échappent aussi par de nombreuses ouvertures : la multitude de crevasses et de fissures qui sillonnent le volcan et ses environs. Après de violentes éruptions, ces vapeurs sont souvent le témoin

Les vapeurs corrosives rendent la traversée d'un champ de fumerolles particulièrement difficile. Les gaz sont si agressifs qu'ils décomposent la roche dure en une sorte de bouillie ; c'est l'altération hydrothermale. Si les gaz contiennent des minéraux ferreux, sulfureux ou sodés, le sol se pare de teintes brun-roux, jaunes ou bien blanches (Namafjall, nord de l'Islande).

que le volcan est seulement en train de se reposer, et qu'il n'est pas définitivement éteint. Les spécialistes appellent « fumerolles » ces exhalaisons dont la température peut dépasser les 1 000 °C et qui soit s'échappent calmement de la roche, soit jaillissent de l'évent avec une forte pression.
Les volcanologues sont particulièrement attentifs quand la température des fumerolles augmente : il arrive alors que le volcan recommence à s'agiter, ce qui peut annoncer une nouvelle phase éruptive.
Les champs de fumerolles sont fascinants à observer de loin, car ils stimulent l'imagination. Selon le temps et le lieu, la fumée crée tantôt une agréable ambiance de conte de fées, tantôt une atmosphère inquiétante qui évoque la cuisine du diable.
Elle laisse aux endroits où elle se dépose des concrétions multicolores. Suivant la température et le type de roche qu'elles traversent, les exhalaisons contiennent des substances différentes. Parfois, elles se séparent de ces substances dès qu'elles entrent en contact avec l'air plus froid.
Les composés sulfurés donnent des dépôts jaune vif ou bien brun-rouge à orangé.
Divers chlorures, comme le chlorure de sodium (le sel gemme) ou le chlorure de potassium, forment des croûtes blanches. Si les émanations contiennent du cuivre, les dépôts sont verts. L'observation attentive des encroûtements révèle parfois la présence de fines aiguilles qui se réduisent en poudre quand on les touche. Lorsque ces gaz jaillissent sous une forte pression, un sifflement et un chuintement effrayants emplissent l'air.
Une telle quantité de gaz sulfurés s'échappent des fumerolles autour de l'évent que s'édifie un conduit formant une cheminée pouvant atteindre plusieurs mètres de hauteur et qui ressemble à une termitière.

Des gaz toxiques

On ne devrait pas s'approcher du souffle chaud de la Terre : on risque de se brûler et ses composants sont corrosifs. D'ailleurs, le corps réagit aussitôt qu'on le fait.
Ainsi, l'acide chlorhydrique et le dioxyde de soufre provoquent une odeur piquante dans le nez, un goût amer dans la bouche et brûlent les yeux et la gorge. Même lorsque la quantité d'hydrogène sulfuré est faible, il se dégage une odeur insupportable d'œuf pourri. L'acide fluorhydrique est quant à lui particulièrement toxique : il peut même dissoudre le verre. Les masques à gaz sont donc absolument indispensables pour les volcanologues afin qu'ils puissent travailler dans cet enfer.
Les vapeurs corrosives peuvent également décomposer la roche dont elles s'échappent. Elles la lessivent, prélèvent quelques composants, les emportent avec elles pour les restituer plus loin sous la forme d'encroûtements. La roche dure se transforme en une masse humide de fines particules.
Les émanations qui, à leur sortie du sol, sont à moins de 400 °C sont appelées « solfatares ». Si elles sont à 150 °C ou moins, il s'agit de « mofettes ». Celles-ci peuvent être beaucoup plus dangereuses pour l'homme que les fumerolles ou les solfatares, car le gaz toxique qu'elles contiennent ne sent rien, n'a aucun goût et ne se voit pas. Il s'agit du gaz carbonique. Plus lourd que l'air, il chasse l'oxygène à proximité du sol. Hommes et animaux peuvent périr sans qu'ils en soient avertis par le moindre signe dans les nappes gazeuses à forte teneur en dioxyde de carbone. Une torche plongée dans l'un de ces nuages gazeux presque dépourvus d'oxygène qui flottent à proximité du sol s'éteint immédiatement.

Jeux d'eau islandais. En un quart d'heure, le geyser Strokkur (la « baratte ») offre un spectacle qui mérite le détour. Cela commence par une légère pulsation à la surface de l'eau. Soudain se forme une bulle qui grossit à vue d'œil puis éclate, et …

Un drame tragique qui fit la une des journaux s'est produit en 1986, au lac Nyos, au Cameroun. Cette petite étendue d'eau, qui mesure seulement 200 m de profondeur et 2 km de diamètre, remplit en fait le cratère d'un volcan peut-être éteint depuis longtemps. Un jour, un nuage de gaz carbonique s'en échappa. Le gaz se répandit 10 km à la ronde comme un liquide dans une vallée encaissée, et il y chassa l'air. Résultat : environ 1 700 personnes et 3 000 bêtes moururent. Le paysage avait été épargné, mais partout gisaient des cadavres.

On suppose que le gaz s'est frayé, au fil des siècles, un chemin à travers le fond du lac et qu'il est venu peu à peu s'accumuler dans les couches d'eau inférieures. Comme dans les lacs tropicaux la température de l'eau est constante, il n'y a aucune circulation entre la surface et le fond du lac. C'est pourquoi les gaz ne pouvaient s'échapper. Quant à ce qui a mis en mouvement la couche d'eau chargée en gaz carbonique située au fond du lac, les spécialistes ne sont pas encore unanimes à ce jour : il s'agirait soit de violentes chutes de pluie, soit d'une petite éruption au fond du lac, soit encore d'un éboulement sous-lacustre.

Une chaudière dans le sous-sol

Outre les fumerolles, les solfatares et les mofettes, il existe d'autres phénomènes spectaculaires qui attestent la présence d'une importante source de chaleur en sous-sol dans les environs d'un volcan, même des millions d'années après sa dernière éruption : ce sont les sources chaudes et les geysers. Le magma joue alors en sous-sol le rôle d'une gigantesque chaudière qui réchaufferait continuellement l'eau de pluie et celle de la nappe phréatique, les portant parfois même à ébullition.

Les sources thermales d'origine volcanique sont largement répandues dans le monde. Elles sont essentiellement alimentées par la nappe phréatique qui a été réchauffée dans le

... dans un fracas assourdissant jaillit une fontaine d'eau chaude qui atteint 20 m de hauteur ! Quelques secondes plus tard, elle retombe et le spectacle recommence depuis le début (Haukadalur, sud de l'Islande).

sol lui-même réchauffé par la proximité d'un volcan. Si elles sont riches en dioxyde de carbone, on parle d'eaux gazeuses. Si elles contiennent plus de 1 g de sels minéraux par litre, on parle d'eaux minérales.
Les sources chaudes, ou geysers, comptent en revanche parmi les phénomènes plutôt inhabituels. En dehors de quelques petites régions du Japon, de Java et de Sumatra, d'Amérique centrale et d'Amérique du Sud et des hautes terres du Tibet, on n'en trouve que dans quatre grandes régions volcaniques du monde.

Quelques geysers remarquables

Le geyser le plus puissant jamais connu, le Waimangu, a jailli en 1903 dans la zone volcanique de Taupo, en Nouvelle-Zélande. Ses jets d'eau et de vapeur atteignirent jusqu'à 460 m de hauteur. Il s'est néanmoins tari en 1904. Le geyser le plus célèbre est bien sûr l'Old Faithful (le « Vieux Fidèle ») du parc national de Yellowstone, aux États-Unis, qui crache toutes les heures son jet d'eau entre 40 et 60 m de hauteur.
Quoi qu'il en soit, l'Islande est vraiment le pays des geysers. C'est d'ailleurs de là que le nom de ces sources chaudes trouve son origine, *geyser* venant du verbe islandais *gjosà,* qui signifie « jaillir ». La première source chaude qui fut baptisée ainsi n'est cependant plus active aujourd'hui. C'est maintenant le Strokkur qui donne des jets spectaculaires. Avant de propulser la masse d'eau dans les airs, une grosse bulle de quelque 2 m de diamètre se forme à la surface de son orifice. Puis l'eau jaillit pendant quelques secondes à une hauteur comprise entre 10 et 20 m.
Outre le Strokkur, il existe en Islande une trentaine de geysers. Au Moyen Âge, les habitants de l'île, superstitieux, en avaient

très peur. Ils croyaient qu'ils étaient habités par le diable. C'est pourquoi personne ne passait à l'époque devant ces sources sans « cracher à la figure » du démon aux pieds fourchus.

La vallée des Geysers

Parmi les grandes régions du monde riches en sources chaudes, la plus sauvage est toutefois la « vallée des Geysers », dans la péninsule russe du Kamtchatka, à l'extrémité nord-orientale de la Sibérie. Cette longue langue de terre qui s'avance dans le Pacifique en direction des îles Kouriles et du Japon est l'une des régions volcaniques les plus actives de la planète. Pendant la Guerre froide, cette péninsule presque déserte était une zone militaire interdite aux étrangers (*voir p. 110*). C'est pourquoi la « Dolina Geyzerov » (nom russe de la vallée des Geysers), tapie au fond des canyons qui serpentent au pied du volcan Kikhpinych, est encore pratiquement intacte. La dernière éruption de ce volcan remonte à deux cents ans. C'est lui qui fournit aujourd'hui la chaleur qui porte la nappe phréatique à ébullition dans la vallée des Geysers.

Les aulnes, les bouleaux et les sorbiers qui foisonnent forment une forêt presque impénétrable. C'est pourquoi pendant longtemps seuls quelques trappeurs connaissaient cette vallée si difficile d'accès. Il fallut attendre 1941 pour qu'un groupe de volcanologues pénètrent dans la Dolina Geyzerov lors d'un voyage de reconnaissance portant sur les volcans du Kamtchatka.

Les scientifiques ne s'attendaient pas à une telle découverte. À en croire leurs rapports, ils furent très étonnés lorsqu'ils entendirent du bruit sous leurs pieds, suivi immédiatement par un jet d'eau bouillante qui jaillit du sol non loin d'eux. Le jet d'eau s'élevait à

La glace et le feu : un glacier s'étend entre les champs de fumerolles dans la gueule du gigantesque volcan Mutnovsky, situé sur la péninsule russe du Kamtchatka.

plusieurs dizaines de mètres de hauteur, nimbé dans un nuage de vapeur d'eau, puis retombait et disparaissait dans son trou aussi vite qu'il en était sorti. Les volcanologues appelèrent ce premier geyser découvert sur le Kamtchatka « Perwenetz », ce qui signifie le « premier né ».
C'est quatre ans plus tard que l'on commença à étudier la région plus en détail. On découvrit que sur une distance de 6 km il existait une centaine de sources chaudes le long du lit d'un fleuve, dont trente très importantes. Chacune crachait son jet d'eau à son propre rythme, à des intervalles de temps compris entre quelques minutes et plusieurs heures.
Le plus gros de ces geysers est le Velikan, le « géant ». L'orifice par lequel arrive l'eau chaude venue des profondeurs de la Terre se termine en un gros chaudron d'un diamètre compris entre 1,50 m et 3 m. Toutes les deux heures et demie à trois heures, une colonne d'eau de 50 m de hauteur jaillit pendant deux minutes. Des nuages de vapeur s'élèvent alors dans le ciel jusqu'à 300 m de hauteur.

Des bouillonnements de chaleur

Le temps qui sépare deux jaillissements d'un geyser dépend de ce qui se passe dans la roche chaude d'où il sort.
Le plus simple est d'imaginer que cette roche est parcourue par un système de tuyauteries qui se vidange par le jet qui jaillit de son orifice. De l'eau froide provenant de la nappe phréatique vient ensuite remplir de nouveau les « tuyaux ». Dans les zones les plus profondes du système de canalisations, dans lesquelles la roche environnante est plus chaude que près de la surface de la Terre, l'eau atteint plus vite son point d'ébullition que dans les zones supérieures.

Un ruisselet alimenté par des sources chaudes ferrugineuses serpente entre l'herbe et la mousse de la Dolina Geyzerov, la vallée de Geysers, située au pied du volcan Kikhpinych au Kamtchatka.

C'est alors qu'intervient la pression. La charge exercée par la colonne d'eau froide qui pèse sur elle empêche l'eau qui bout déjà dans les couches inférieures de s'évaporer et de monter. Or, l'apport continu de chaleur ne cesse de faire augmenter sa température. L'eau devient donc de plus en plus chaude, on dit qu'elle est « en surchauffe ».

Par la suite, l'eau située dans la partie supérieure du système de canalisations commence elle aussi à se réchauffer, puis à bouillir et à s'évaporer. La pression exercée vers le bas diminue. De ce fait, l'eau « en surchauffe » peut elle aussi s'évaporer. Toutefois, ce changement brutal est explosif : en effet, l'eau, dont la température atteignait plusieurs centaines de degrés, voit soudain, puisqu'elle a de la place, son volume se multiplier par mille. D'où l'expulsion d'un jet d'eau bouillante et de vapeur hors de l'orifice du conduit. Le geyser fonctionne.

Cette eau brûlante et agressive est souvent fortement chargée en substances qu'elle a dissoutes dans les roches traversées. Ces matériaux se déposent en encroûtements épais de travertin tout autour de l'orifice des geysers. Les grandes étendues grises de geysérite qui entourent les geysers du Kamtchatka rappellent les massifs coralliens ou la peau rugueuse des crocodiles. Elles recouvrent de grands dômes rocheux et sont par endroits ponctuées de trous remplis d'eau où perlent des bulles de gaz qui remontent à la surface.

Outre le sifflement des sources chaudes et des colonnes de vapeur, on entend également dans la vallée des Geysers le clapotement sourd de la boue qui bouillonne. Les mares dans lesquelles les gaz brûlants issus des profondeurs soulèvent de grosses bulles de boue mesurent quelque 2 m de profondeur et 5 m de diamètre.

Les scientifiques ont constaté en 1975 que les gaz qui arrivent en surface dans la Dolina Geyzerov n'étaient parfois pas tout à fait inoffensifs. Ils ont en effet découvert dans une petite vallée latérale d'innombrables squelettes d'ours, de renards, de souris, de corneilles et d'autres animaux encore. Certains venaient juste de trépasser, d'autres semblaient être morts depuis longtemps. C'est pourquoi ils appelèrent plus tard la région dans laquelle ils trouvèrent ce cimetière d'animaux la « vallée de la Mort ». Les bêtes ont vraisemblablement péri dans un nuage de gaz toxique qui s'échappe par endroits du sol et qui, les journées sans vent et dans des conditions météorologiques défavorables, s'accumule dans les cuvettes et les dépressions.

Sur les coutures de la croûte terrestre

Lorsque les volcans entrent en éruption, c'est que les dieux et les démons sont en colère. Aujourd'hui encore, cette croyance n'a pas complètement disparu. Les éruptions ont toutefois une explication scientifique rationnelle. Aux endroits où les grandes plaques de l'écorce terrestre s'affrontent, le magma peut en effet surgir des profondeurs et les volcans crachent feu et fumée.

Double page précédente. *Pendant son éruption de 1991, le cratère du volcan Avachinsky, haut de 2 751 m, se remplit de lave jusqu'à déborder. Ce volcan et son voisin, le Koryaksky, 3 456 m, se trouvent sur la péninsule de la Sibérie nord-orientale, le Kamtchatka, qui constitue une partie de la ceinture de feu du Pacifique.*

Ci-contre.
« Le 1er septembre 1730, la terre s'est ouverte entre 9 et 10 heures du soir, et dès le lendemain matin une montagne d'une hauteur considérable était apparue. Quelques jours plus tard seulement, une deuxième cavité s'est ouverte... » Ainsi commence le récit d'un témoin oculaire de la naissance des Montañas del Fuego (Lanzarote, Canaries). La rangée de cratères suit une faille profonde de la croûte terrestre à travers laquelle le magma peut pénétrer et surgir à la surface.

Des jambes aussi grosses que le tronc de chênes millénaires, des bras et des mains assez forts pour jouer au ballon avec des blocs de rocher et un œil unique rougeoyant au milieu du front : tel est le portrait des Cyclopes, qui, d'après la légende grecque, servaient Héphaïstos, le dieu du Feu, et travaillaient dans ses forges sous les volcans du sud de l'Italie. Les géants aidaient leur maître à fabriquer les flèches d'Apollon, l'armure invisible d'Héraclès et le bouclier d'Achille. À chaque fois qu'ils travaillaient au sceptre de Zeus, les volcans crachaient du feu. Leurs coups de marteau faisaient trembler la terre.

Ces histoires tirées de la mythologie antique permettaient parfaitement d'interpréter les éruptions volcaniques. Les épanchements des volcans s'accompagnaient en effet généralement de tremblements de terre, et avec un peu d'imagination il est possible d'assimiler un cratère incandescent vu de haut à l'œil injecté de sang d'un Cyclope.

Les représentations religieuses des siècles passés donnaient elles aussi toujours la même explication pour un phénomène naturel aussi effrayant qu'une éruption volcanique : des monstres terrifiants, des démons, des dieux en colère, voire le diable, en étaient forcément responsables. Pour les apaiser, on organisait des sacrifices d'animaux, parfois même des sacrifices humains.

On trouve encore de nos jours des réminiscences de ces superstitions dans de nombreux pays. À Hawaii, par exemple, les gens déposent des fruits et des fleurs devant les coulées de lave pour mettre la déesse Pelé de bonne humeur. En Sicile, les habitants des villages situés autour de l'Etna organisent des processions ; ils demandent grâce à Dieu et la protection des saints lorsque le volcan vomit des coulées de lave sur leurs champs.

Évolution des explications scientifiques

Cependant, les grands philosophes de l'Antiquité ne rendaient ni les géants ni les dieux responsables de la puissance destructrice des volcans. Ils cherchaient déjà des explications scientifiques. Platon, par exemple, pensait qu'il y avait à l'intérieur de la Terre un « fleuve de feu » d'où s'échappait de l'« air », conduisant ce faisant à des ébranlements du sol et à des éruptions. Cette idée paraît tout à fait logique si l'on traduit par magma la « coulée de feu » et si l'on comprend par « air » les gaz que contient la roche en fusion. Dans la tentative d'explication d'Aristote, l'air joue également un rôle important. Des vagues déferlantes sur le littoral le feraient pénétrer à l'intérieur de la Terre en le poussant dans les anfractuosités des falaises. Là, il s'enflammerait au contact de la poix et du soufre. En conséquence, pensait le philosophe, des flammes et de la fumée s'échappaient des cheminées des volcans, propulsant scories et cendres hors du cratère.

On sait aujourd'hui que l'origine des volcans est liée au processus de tectonique des plaques de l'enveloppe externe de la Terre. À la fin du XVIIIe et au début du XIXe siècle, les naturalistes débattaient encore à propos du basalte, aujourd'hui reconnu comme étant l'une des roches caractéristiques d'origine volcanique. Ils se demandaient s'il s'agissait d'un sédiment qui se serait déposé au fond d'un océan originel ou bien de lave refroidie provenant du centre de la Terre. Les neptunistes, partisans de la première idée, s'opposèrent longtemps avec virulence aux plutonistes, représentants de la théorie aujourd'hui reconnue correcte.

Il fallut attendre de nouvelles découvertes en physique et en chimie, des méthodes d'investigation toujours plus précises et des

observations détaillées des phénomènes volcaniques pour que, au cours des décennies qui suivirent, de nouveaux arguments viennent alimenter le débat scientifique.
En raison des nombreux volcans étudiés par des chercheurs, indépendants ou non, au cours du XIXe siècle, on connaissait au début du XXe siècle la localisation d'une grande partie des volcans de la planète.
Comme l'ont constaté les spécialistes, la plupart des volcans sont disposés en une chaîne qui entoure l'océan Pacifique. Cette ceinture de feu commence à la pointe sud de l'Amérique du Sud, en Terre de Feu, se poursuit le long des Andes jusqu'en Amérique centrale et par la chaîne des Cascades à travers l'Amérique du Nord, jusqu'en Alaska. Elle saute ensuite, via les îles Aléoutiennes, jusqu'à la péninsule du Kamtchatka et aux îles Kouriles, puis ensuite jusqu'au Japon. C'est au sud des Philippines, au niveau des îles de la Sonde, que l'anneau se divise : une branche continue à suivre le littoral pacifique via la Nouvelle-Guinée et les îles des mers du Sud, la seconde longe les îles indonésiennes jusqu'à Sumatra. On trouve en dehors de cette ceinture plusieurs autres concentrations marquantes de volcans : une en Afrique de l'Est, entre la Tanzanie et le sud de la mer Rouge (la Grande Rift Valley), une autre en Islande, une autre encore dans la Méditerranée et d'autres, enfin, à Hawaii avec les îles du sud de la mer Caraïbe (*voir carte p. 62-63*).
De nombreux chercheurs s'étonnèrent de cette répartition et ne purent tout d'abord y trouver une explication. Ils durent se contenter de faire des suppositions sur les raisons de cette distribution géographique. « Cette concentration des volcans, soit en groupes circulaires, soit en rangées doubles, avançait le célèbre savant Alexander von Humboldt dès 1823, apporte la preuve décisive que les activités volcaniques ne sont pas le fait d'éléments insignifiants, proches de la surface, mais qu'il s'agit au contraire de phénomènes importants, aux origines très profondes. ».

La dérive des continents

C'est Alfred Wegener, un météorologue, explorateur du Groenland, qui n'était donc pas, à l'origine, un spécialiste des volcans, qui apporta la première contribution à la résolution de l'énigme. Trois expéditions le conduisirent dans cette région de l'Arctique. Lorsqu'il réfléchissait à sa théorie de la dérive des continents, Alfred Wegener ne pensait cependant guère à expliquer la répartition des volcans dans le monde. C'est bien davantage la similitude du littoral de part et d'autre de l'Atlantique qui l'intriguait. Cela (et vraisemblablement aussi la présence d'icebergs qu'il avait constatée dans l'océan Arctique) l'amena à penser que les continents de la Terre étaient peut-être autrefois accolés les uns aux autres et représenteraient alors les différents éléments d'un ancien continent géant. Celui-ci se serait disloqué, et les morceaux (les divers continents d'aujourd'hui) auraient parcouru des milliers de kilomètres en « flottant » comme des radeaux pour atteindre progressivement leur situation actuelle. Le moteur de ce processus, d'après Wegener, était double : la rotation de la Terre et la force centrifuge qui en découle.
Au cours d'un congrès de la Société géologique de Francfort-sur-le-Main qui se tint en 1912, il exposa pour la première fois sa théorie de la dérive des continents. Ce modèle était inouï pour l'époque. Il contredisait la conception qui prévalait alors selon laquelle l'image de la Terre n'avait jamais changé

Tectonique des plaques en modèle réduit : comme un tapis roulant, la coulée de lave incandescente transporte les blocs sombres qui composent sa couverture déjà refroidie. C'est de la même façon que dérivent les grandes plaques de l'écorce terrestre sur les matériaux mous et plastiques de l'asthénosphère dans le manteau de la Terre, mus par la chaleur qui règne au cœur de la planète (Etna, phase éruptive de 1991 à 1993).

depuis sa formation, mais que la planète s'était simplement contractée par refroidissement, processus au cours duquel les montagnes étaient apparues. La critique fut donc virulente, notamment à propos de la nature du moteur de cette nouvelle théorie dynamique. Aussi l'idée de la dérive des continents fut-elle tout d'abord rejetée.

Il fallut attendre une trentaine d'années pour que le modèle d'Alfred Wegener soit apprécié à sa juste valeur. Pendant cette période, les scientifiques ont nettement amélioré leurs instruments et leurs méthodes de mesure. Ils purent donc étudier depuis des navires de recherches et des submersibles un vaste territoire de la planète qui avait longtemps été inaccessible aux hommes : le fond des océans. Les résultats de leurs investigations les conduisirent à reconsidérer les idées de Wegener sur la dérive des continents et aboutirent finalement au modèle de la tectonique des plaques qui permettait d'expliquer aussi l'origine des volcans.

Sur la voie de la connaissance, la découverte des dorsales médio-océaniques fut une étape capitale. On savait déjà, depuis que l'on avait installé des câbles télégraphiques entre l'Amérique et l'Europe, qu'il y avait des montagnes sous les mers. Des mesures précises en apportèrent la preuve : sur le fond des océans s'élèvent des chaînes de 2 000 à 3 000 m de hauteur et qui atteignent 1 000 km de largeur. Elles traversent l'Atlantique en son centre du nord au sud, s'étendent dans l'océan Indien jusque dans la mer Rouge et se divisent en plusieurs branches dans l'est du Pacifique. Elles représentent quelque 70 000 km de longueur au total et couvrent la Terre comme un filet (*voir carte ci-contre*). On a également constaté que ces montagnes étaient constituées de roches volcaniques. Des études

C'est essentiellement sur les « coutures » de la Terre que le magma provenant de l'intérieur de la planète parvient à en percer la croûte pour s'élever dans les cheminées des volcans et jaillir à la surface. Il en existe deux types : les zones de subduction, où les grandes plaques se chevauchent, et les dorsales médio-océaniques, le long desquelles le magma s'injecte et fait s'écarter les plaques. Les volcans les plus dangereux sont situés sur la ceinture de feu du Pacifique. Les volcans des îles Hawaii, en revanche, sont alimentés par un « point chaud », une source de magma ponctuelle dans le manteau terrestre.

zone de subduction

dorsale médio-océanique

collision continent contre continent

coulissement horizontal/ faille transformante

limite de plaque imprécise

volcans

mouvement des plaques

géophysiques ont révélé que, parallèlement à l'axe longitudinal des dorsales sous-marines, le magma s'écoule par des fissures et se répand sur les fonds marins. Aucune éruption sous-marine n'a toutefois pu être observée à ce jour. On pense que ce phénomène se déroule de façon très silencieuse : en effet, du fait de la forte pression exercée par l'eau, les explosions ne sont pas possibles. On sait aujourd'hui que notre planète « pousse » le long des dorsales médio-océaniques. La lithosphère rigide y est en effet très amincie (*voir schémas p. 68 et 69*). Le magma incandescent qui remonte depuis l'intérieur de la Terre le long des failles dans les dorsales médio-océaniques peut aisément percer cette fine « peau » ; il est injecté dans ces fissures puis se refroidit, provoquant l'écartement

Ci-contre.
Les apparences sont trompeuses : ce qui semble être une colline peu marquée est en réalité un puissant massif volcanique. Le Mauna Loa, sur les îles Hawaii, s'élève à plus de 9 000 m au-dessus du fond de l'océan (5 000 m sous l'eau et 4 165 m au-dessus) ; il est donc plus haut que l'Everest. Toujours en activité (sa dernière éruption date de 1984), le Mauna Loa compte parmi les plus beaux volcans-boucliers de la Terre.

Ci-dessous.
Jeux de lumière : un puissant rayon de soleil éclaire la Grjotagja, dans le nord de l'Islande. Cette grotte rocheuse fait partie d'un système de failles de plusieurs kilomètres de long situé sur la dorsale médio-atlantique qui, en Islande, sort de la mer. La chaleur de l'intérieur de la Terre vient ici chauffer l'eau, qu'éclaire le rayon de lumière, à plus de 60 °C.

De larges failles et fossés traversent la région de Thingvellir autour du lac de Thingvalla, dans le sud-ouest de l'Islande. Ils indiquent la jointure entre les plaques Amérique du Nord (gauche) et Eurasie (droite).

des plaques parfois de 1 cm par an seulement, mais parfois aussi jusqu'à 15 cm. Les spécialistes appellent ce processus « expansion des fonds océaniques » (en anglais *seafloor spreading*).

Cela a permis de découvrir un autre élément majeur de la tectonique des plaques. D'après cette théorie, l'enveloppe extérieure et rigide de la Terre est composée de différents éléments, ou plaques, qui s'assemblent comme les pièces d'un puzzle. Toutefois, les plaques ne sont pas immobiles, elles bougent les unes par rapport aux autres. Au niveau des zones d'accrétion, le long des dorsales médio-océaniques par exemple, la lave ne cesse de monter des profondeurs de la Terre et de se déposer sur les bords des plaques, qui s'écartent. Les chercheurs ont calculé que 2,5 km^2 de nouveaux fonds marins (sous forme de croûte océanique) apparaissaient ainsi chaque année dans le monde.

Là où la Terre s'engloutit

L'excédent de matière doit nécessairement disparaître de nouveau quelque part, sinon le globe terrestre ne cesserait d'augmenter de volume. En suivant le parcours des ondes sismiques à travers la planète, en le reportant sur des diagrammes et en interprétant les résultats de ces études, les géophysiciens découvrirent les zones dites de « subduction ». En ces endroits, la Terre se dévore pour ainsi dire elle-même : une plaque plonge sous une autre, entre en fusion et est détruite.

Il existe également des zones frontières où deux plaques, sans création ni destruction de matière, se contentent de glisser l'une contre l'autre. C'est le cas de la fameuse faille de San Andreas, qui traverse la Californie. Ces lignes remarquables sont appelées « failles transformantes ». Par suite du lent mouvement des plaques, des tensions s'accumulent sur les deux lèvres de la faille jusqu'au moment où les forces de rupture l'emportent sur la résistance des forces de frottement. L'énergie est brusquement libérée et il se produit de violents tremblements de terre, comme celui de Los Angeles en 1994.

La différence majeure entre la tectonique des plaques et la théorie de la dérive des continents est la suivante : contrairement à ce que pensait Wegener, les différentes plaques ne se limitent pas aux continents ; elles ne s'arrêtent pas aux traits de côte ; les fonds sous-marins (formés de croûte océanique) appartiennent eux aussi aux différentes plaques. La plaque Indo-Australienne par exemple est majoritairement composée de croûte océanique ; seules l'Inde et l'Australie en sont les continents émergés.

La surface sur laquelle se meuvent les plaques ne peut donc être, comme le croyait Wegener, les fonds marins. Elle est située plus profondément, là où la température et la pression sont suffisamment élevées pour que la roche rigide et cassante devienne une matière relativement molle, plastique. Les spécialistes disent que les plaques lithosphériques dérivent sur l'asthénosphère. La lithosphère englobe la croûte terrestre et (c'est là que cela se complique) la partie tout à fait supérieure du manteau supérieur. L'asthénosphère correspond à la partie inférieure du manteau supérieur, située sous la lithosphère *(voir schéma p. 69)*.

En résumé, les différentes plaques ont l'épaisseur de la lithosphère (une centaine de kilomètres) et elles glissent sur l'asthénosphère, une couche de matière ductile et plastique. La croûte, qui correspond à la pellicule superficielle de la lithosphère, a une épaisseur de

quelque 7 km sous les océans (croûte océanique), contre une moyenne d'une trentaine de kilomètres sous les continents (croûte continentale), qui peut atteindre 70 km sous certaines chaînes montagneuses. Elles sont maintenues en mouvement par la chaleur qui règne à l'intérieur de la Terre. Une partie de cette chaleur provient encore de l'époque où la planète s'est constituée en une boule incandescente à partir de particules de poussières et de gaz cosmiques. Une autre partie de la chaleur est produite en permanence par la désintégration des matériaux radioactifs qui se trouvent dans le manteau de la Terre. Cette chaleur provoque à l'intérieur du globe des mouvements de matière comme dans un liquide en ébullition. Ces phénomènes sont faciles à observer dans une casserole d'eau bouillante. Au milieu de la casserole montent des bulles qui sont ensuite entraînées vers le bord. Il se passe la même chose dans l'asthénosphère. Les matériaux particulièrement chauds, et donc moins denses, s'élèvent (c'est par exemple le cas sous les dorsales médio-océaniques). Là, ils sont entraînés dans les courants de convection le long de la limite entre lithosphère et asthénosphère, et ce faisant transportent les différentes plaques de l'écorce terrestre comme le ferait un tapis roulant. Le magma plastique perd alors quelques degrés et replonge vers l'intérieur de la Terre. Là il est de nouveau réchauffé, et le cycle recommence (*voir schéma p. 68*).

Des volcans à la lisière des plaques

C'est aux frontières entre les différentes plaques que se trouvent les points faibles de l'écorce terrestre. C'est là que les matières incandescentes situées à l'intérieur de la

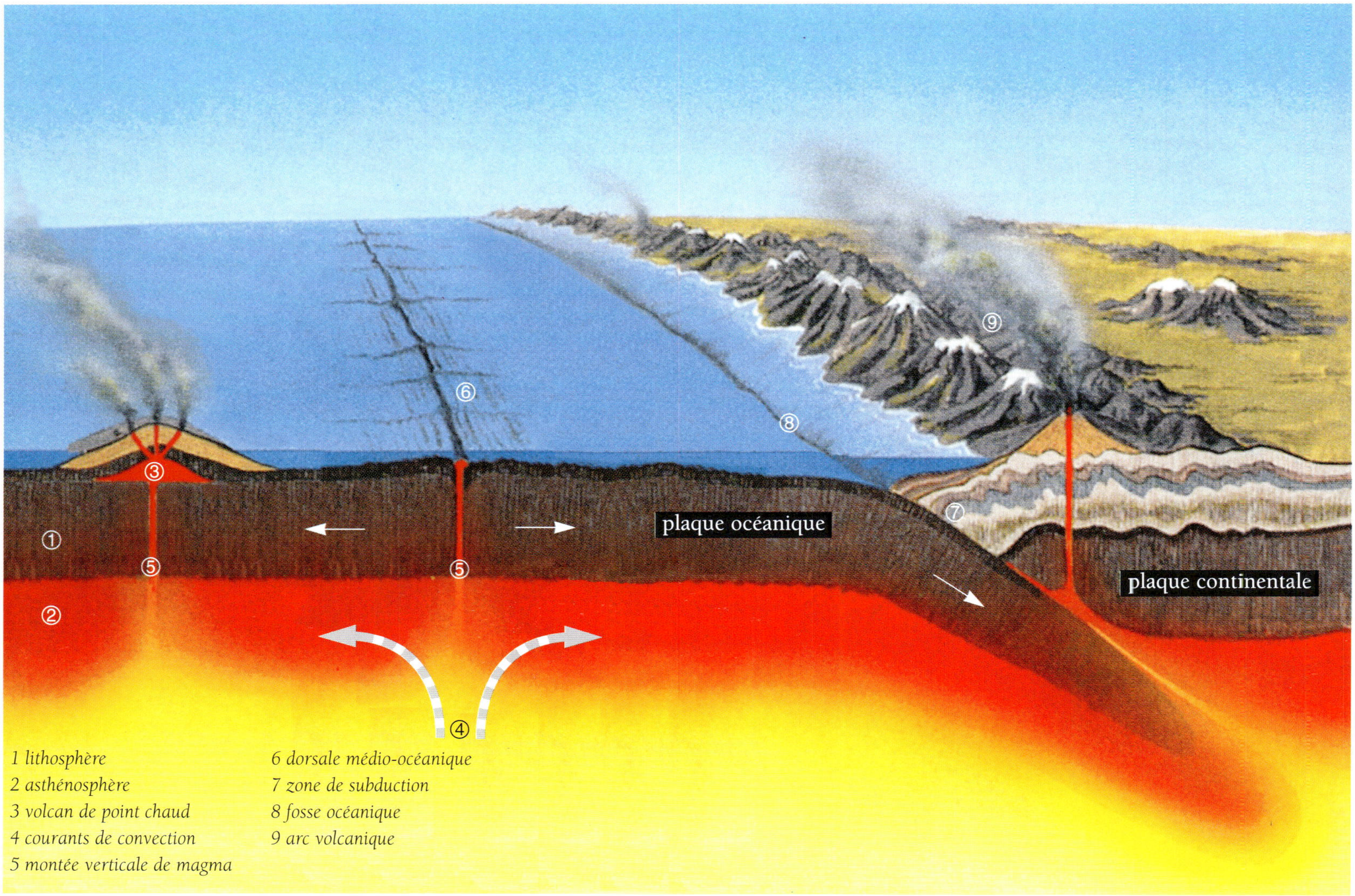

Un gigantesque processus de recyclage : l'enveloppe rigide de la Terre, la lithosphère, ressemble à une mosaïque de plaques solides qui « flottent » sur le magma mobile de l'asthénosphère (voir schéma p. 69).
Du fait des courants de convection produits par la chaleur qui règne à l'intérieur de la Terre, les plaques progressent chaque année de quelques centimètres, s'écartant au niveau des dorsales médio-océaniques, ou zones d'accrétion océanique, et plongeant les unes sous les autres au niveau des zones de subduction et entrant parfois en collision.
Le magma, qui est injecté dans les fractures des dorsales médio-océaniques et se transforme en roche en refroidissant, est transporté au cours de millions d'années vers les zones de subduction comme sur un tapis roulant. Il est alors absorbé dans le manteau terrestre, où il se déshydrate et entre en fusion partielle.
Il se mélange au magma présent dans l'asthénosphère, puis peut remonter à la surface en s'élevant dans les cheminées des stratovolcans explosifs comme ceux qui ponctuent par exemple la ceinture de feu du Pacifique.

Terre peuvent remonter verticalement et atteindre la surface via les volcans. La majeure partie des quelque 1 350 volcans actifs de la planète sont situés sur ces « coutures » de l'écorce terrestre, et de leur localisation par rapport à ce contexte de tectonique des plaques dépendent leurs caractéristiques.

Les volcans dangereux

Les volcans des zones de subduction sont généralement très dangereux, et leurs éruptions ont souvent des conséquences catastrophiques. En effet, ils expulsent la lave très violemment : des nuages de cendres s'élèvent jusqu'à des kilomètres de hauteur et des nuées ardentes dévastatrices dévalent leurs pentes. Seule une faible quantité de magma s'épanche du cratère en coulées de lave.

À quoi cela est-il dû ? Au niveau des zones de convergence où deux plaques s'affrontent, c'est-à-dire là où l'une des deux plonge sous l'autre, les montagnes s'élèvent, comme la cordillère des Andes, en Amérique du Sud, et le fond océanique se ploie pour donner naissance à un fossé de subduction. Des forces gigantesques écrasent alors la roche, cassent des fragments de la plaque qui s'enfonce et les agglomèrent à la face inférieure de la plaque supérieure.

L'angle avec lequel la plaque s'enfonce lentement vers l'intérieur de la Terre est généralement compris entre 30 et 60°, et des tremblements de terre viennent secouer les environs. À une profondeur de 100 km environ, la température est si élevée que la plaque commence à fondre partiellement. Avec elle fondent les sédiments qui, au cours de leur migration depuis leur lieu de formation le long des dorsales médio-océaniques jusqu'aux zones de subduction, se sont déposés sur la plaque, et qui sont donc maintenant entraînés avec elle vers les profondeurs. Ce nouveau magma réagit enfin avec la matière partiellement en fusion, la partie de l'asthénosphère délimitée par le plan de subduction et la base de la plaque chevauchante.

Croûte, manteau, noyau : c'est ainsi que l'on décompose habituellement la structure interne du globe terrestre. Des mesures géophysiques ont cependant révélé que la « pellicule » rigide qui entoure la Terre était plus épaisse que la croûte telle que les géologues l'avaient définie. En effet, elle ne s'étend pas seulement sur une épaisseur de 30 à 40 km en moyenne, mais elle se prolonge jusque dans la partie supérieure du manteau et descend à 100 km de profondeur. La zone est composée dans son ensemble de roches solides, d'où le nom de « lithosphère » (lithos signifie « pierre » en grec). Sous cette zone se trouve l'asthénosphère, où, du fait de la pression élevée qui y règne et de la température en constante augmentation, la matière redevient relativement molle et plastique. C'est l'asthénosphère qui commande les mouvements des plaques lithosphériques.

Cela donne un mélange explosif. Le magma ainsi formé est en effet généralement riche en silice, et donc visqueux. Et pourtant, il remonte en surface là où il fait éruption, le long de la zone de subduction, en édifiant des cônes volcaniques. Lorsque le magma pâteux remonte dans les cheminées de ces volcans et qu'il dégaze selon le « principe du bouchon de champagne », une violente explosion se produit (*voir p. 19 et suivantes*). Les éruptions volcaniques qui ont lieu sur les zones de subduction sont particulièrement puissantes. Le type de produits émis (cendres, scories ou coulées de lave) détermine la forme du volcan. Les matériaux projetés dans les airs forment des cônes abrupts tout autour des bouches actives du cratère, qui sont ensuite consolidés par des coulées de lave. Lorsque des cours d'eau érodent les flancs de ces cônes et permettent ainsi d'observer leur structure interne, les différentes couches de matière apparaissent clairement. Les spécialistes parlent alors de stratovolcans et d'une alternance de phénomènes explosifs et effusifs.

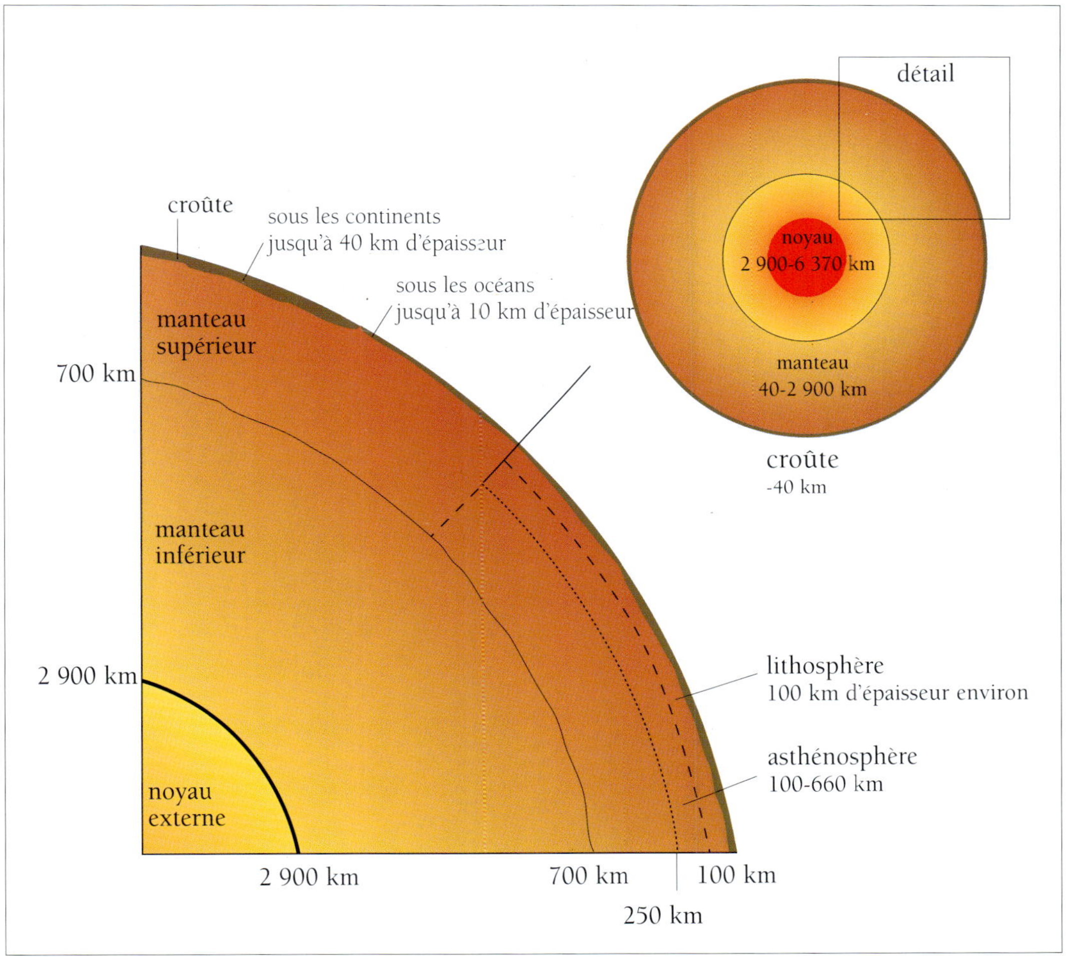

Les volcans inoffensifs

En revanche, les éruptions qui se déroulent sur les dorsales médio-océaniques, là où la surface des plaques se renouvelle, sont plutôt inoffensives. Ces dernières années, des chercheurs utilisant des submersibles ont reconnu ces endroits. À l'aide de pinces mécaniques fixées à l'extérieur des sous-marins, ils échantillonnèrent des fragments de lave refroidie pour pouvoir les étudier en laboratoire.

Il est également possible de prélever des échantillons de volcans immergés sur la terre ferme, plus précisément en Islande. C'est le seul endroit sur la Terre (avec l'Afar, dans la corne de l'Afrique) où une dorsale médio-océanique, ici la dorsale médio-atlantique, apparaît au-dessus du niveau de la mer.

À partir de leurs analyses, les scientifiques ont pu tirer des conclusions sur les propriétés du magma qui s'épanche sur les fonds marins, le long des dorsales médio-océaniques. Il est relativement fluide et pauvre en silice. C'est pourquoi il dégaze facilement et se répand généralement en coulées de lave, sans provoquer d'explosion violente. C'est ce que les spécialistes appellent une éruption effusive. Il ne se forme pas de cônes volcaniques de plusieurs milliers de mètres de hauteur comme sur les zones de subduction, mais d'immenses massifs montagneux aux flancs très peu pentus qui rappellent des dos de baleine. En Islande, le magma fluide s'échappe de failles longues de plusieurs kilomètres (c'est ce qu'on appelle un « volcan fissural »). Comparées à celles des volcans des zones de subduction, les éruptions s'y déroulent relativement calmement. Ce n'est qu'au début des éruptions que jaillissent des fontaines de lave et que des

Là où les plaques s'affrontent et plongent les unes sous les autres se forment les cônes aux pentes abruptes des stratovolcans. C'est le cas par exemple du Karymsky, sur la péninsule russe du Kamtchatka. Né il y a quelque 7 000 ans seulement, il atteint aujourd'hui 1 536 m d'altitude. Plusieurs générations de lave ont laissé leurs traces sur ses flancs. La plus ancienne est déjà couverte de lichens gris, tandis que la plus récente est nue, et sa roche non encore érodée, presque noire.

nuages de cendres s'élèvent dans les airs. Le long de ces failles apparaissent alors de petites collines avec de larges cratères à leur sommet. Après une phase initiale de ce type, la majeure partie du magma s'épanche en coulées de lave.

C'est de cette façon que se sont formés il y a 65 millions d'années les basaltes des plateaux (ou « trapps ») du Deccan, en Inde. Ce type d'épanchement peut couvrir d'énormes surfaces, jusqu'à plusieurs centaines de milliers de kilomètres carrés. C'est également le cas des basaltes de la rivière Colombia, dans le nord-ouest des États-Unis. Une des coulées de lave qui contribua à former ce plateau mesurait 300 km de long, 100 km de large et 30 m de hauteur en son milieu. C'est peut-être la coulée de lave la plus importante qui ait jamais déferlé sur la Terre.

La naissance des dorsales médio-océaniques et de leurs systèmes de failles peut également être étudiée sur la terre ferme, en Afrique de l'Est cette fois. Il y a plus de dix millions d'années, la Terre commença en effet à se fissurer en ce lieu. Une vallée accidentée s'ouvrit, le Grand Rift, coupée de failles et de fissures. Elle s'étend du Mozambique jusqu'à la mer Rouge et longe toute une série de lacs, dont le Tanganyika. La corne de l'Afrique s'éloigne de ce fait progressivement du reste du continent. Le magma sort des profondeurs de la Terre par les nombreux volcans qui jalonnent le Rift, comme le Kilimandjaro (la plus haute montagne d'Afrique). S'il n'a certes jamais connu d'éruption dans les temps historiques, il n'est cependant pas considéré comme éteint.

Les scientifiques comparent la situation en Afrique de l'Est avec celle de l'Atlantique il y a quelque 300 millions d'années. À l'époque, l'Amérique du Nord et du Sud étaient encore accolées à l'Afrique. Au cours d'un processus qui dura plusieurs millions d'années, les continents commencèrent à se séparer l'un de l'autre, tandis qu'un océan, l'Atlantique, se formait entre eux. Les spécialistes pensent qu'à un moment ou à un autre la même chose se produira en Afrique de l'Est. De l'eau de mer s'introduira dans la Grande Vallée du Rift et fera du Rift émergé et de ses volcans une chaîne de montagnes immergée, c'est-à-dire une dorsale médio-océanique.

Les points chauds

Outre les volcans situés à la lisère des plaques, il existe aussi les volcans que l'on appelle « intraplaques ». Comme leur nom l'indique, ils se trouvent au milieu des plaques, loin de leurs bordures « actives », divergentes ou convergentes. Le magma des volcans intraplaques est généralement du même type que celui des dorsales médio-océaniques. Il peut donc s'amasser sous des volcans plutôt inoffensifs. L'exemple le plus connu est celui des îles hawaiiennes, qui, comme des perles enfilées sur un cordon, ponctuent le centre de la plaque Pacifique. Il n'existe d'ailleurs des volcans actifs que sur l'île principale, Big Island, située à l'extrême sud-est de l'archipel. Les volcans des autres îles sont éteints. La plaque Pacifique, sur laquelle se trouvent les îles Hawaii, glisse continuellement vers le nord-ouest et passe ce faisant au-dessus d'un point chaud, et ce depuis déjà des millions d'années, à une vitesse d'une dizaine de centimètres par an. Par le terme de « point chaud », les volcanologues désignent un point relativement stable de la base du manteau duquel remonte, presque à la verticale, un panache de magma qui recoupe à l'emporte-pièce la lithosphère (la plaque) en mouvement.

La gueule en feu : pâteuse comme du caramel, la lave du volcan Kilauea s'écoule sur le sable noir (Kamoamoa Beach, Big Island, Hawaii).

Les îles de Niihau, Kauai, Oahu, Molokai et Maui sont déjà passées au-dessus de ce point chaud au cours des millions d'années précédentes. L'île la plus récente qui a vu le magma jaillir du point chaud est Big Island. Les volcans y sont encore actifs. C'est seulement lorsque Big Island aura elle aussi dépassé le point chaud que ses volcans s'éteindront. Néanmoins, la prochaine île est déjà en cours de formation. Au sud-est de Big Island, des scientifiques ont découvert un nouveau cône volcanique apparu sur le fond océanique. Il mesure déjà 4 600 m de hauteur. Encore 980 m et Loihi, (c'est-à-dire « le Long ») atteindra le niveau de la mer. Toutefois, d'après les experts de l'observatoire de volcanologie d'Hawaii, ce processus pourrait encore durer 10 000 ans…
De même, la chaleur qui fait jaillir sources chaudes et geysers dans le parc national de Yellowstone, dans l'ouest des États-Unis, provient d'un point chaud. Les Açores, les Galapagos et l'île de la Réunion doivent également leur existence à un point chaud. Il existe en tout une cinquantaine de volcans de point chaud actifs dans le monde.
C'est avec la théorie des points chauds que les scientifiques expliquent aussi le « phénomène Islande ». Comme nous l'avons déjà dit, cette île est le seul endroit au monde où les montagnes d'une dorsale médio-océanique sortent de l'eau. Situé sous la dorsale, un point chaud pousse ces montagnes immergées au-dessus du niveau de la mer. Le magma qui, en Islande, monte en surface pourrait ainsi provenir de deux sources : d'une part, celle du renouvellement des fonds océaniques et, d'autre part, un point chaud. Ce dernier fournirait la quantité supplémentaire de magma qui, au bout de plusieurs millions d'années, a permis à la dorsale d'émerger par gonflement (« intumescence ») thermique.

Les volcans d'Hawaii et d'Islande, ainsi que l'Etna, en Sicile, comptent parmi les volcans relativement inoffensifs de la planète. Lorsqu'ils entrent en éruption, leur gueule déverse souvent des quantités énormes de lave.

Des cracheurs de feu débonnaires

Si ces coulées peuvent détruire champs et habitations, elles laissent généralement suffisamment de temps aux hommes et aux animaux pour s'enfuir.

Ci-contre.
Cet « homme de pierre » veille sur le sol altéré par les fumerolles du Namafjall, un vieux paysage volcanique du nord de l'Islande. Le vent et les intempéries érodent peu à peu le volcan éteint qui se dresse à l'arrière-plan. Le rocher situé au sommet est un reste de lave solidifiée dans la cheminée du volcan. Comme elle est plus dure que la roche environnante, elle résiste mieux à l'érosion.

Double page précédente.
La chaleur torride qui règne au-dessus de la lave pahoehoe en fusion a mis le feu aux palmiers (Kilauea, Big Island, Hawaii).

Lorsque la coulée de lave commence à s'approcher lentement des maisons, on a encore le temps de faire ses paquets, d'attraper chien et chat et même de commander un camion pour entasser tout ce qui n'est pas cloué ou rivé dans la maison : lits, tables, chaises, armoires, mais aussi lave-linge, volets et portes. Le départ des habitants avant que leur demeure ne soit carbonisée du sol au plafond sous une lave à plus de 1 000 °C ressemble moins à une fuite qu'à un repli ordonné. Bien sûr, les pertes matérielles sont importantes, mais on arrive à mettre l'essentiel de ses biens à l'abri et à sauver sa peau.

Rares sont les volcans de la planète qui soient aussi « prévenants ». Ces volcans, qualifiés par les experts d'« effusifs », sont considérés comme relativement peu dangereux. En effet, leur cheminée n'est généralement pas obstruée par un bouchon de lave pâteuse. Cette dernière s'écoule donc régulièrement du cratère, avec des pauses de quelques années seulement. Il s'agit la plupart du temps d'une lave basaltique, pauvre en silice, et donc relativement fluide, d'où les gaz peuvent facilement s'échapper *(voir p. 19 et suivantes)*.

Il arrive que des fontaines de lave ou des nuages de cendres jaillissent aussi de la gueule des volcans effusifs, notamment lorsque la lave entre en contact avec la nappe phréatique. Il se produit alors de violentes explosions de vapeur, appelées « explosions phréatiques ». Toutefois, c'est essentiellement sous forme de coulées de lave que ces volcans expulsent le magma. Rares sont en effet les explosions dévastatrices lors desquelles cendres, scories et bombes sont sans cesse projetées hors du cratère et détruisent de vastes étendues.

Un grand nombre de volcans de cette catégorie ont une caractéristique en commun : les innombrables flots de lave qui s'écoulent sans bruit forment avec le temps de gigantesques dômes aux flancs peu pentus, dont la forme rappelle celle d'un bouclier posé la face bombée vers le haut. D'où l'appellation de « volcans-boucliers ».

Les volcans situés sur les points chauds de la planète, tels ceux des îles hawaiiennes et un grand nombre des volcans qui, en Islande, marquent la dorsale médio-atlantique, comptent parmi ces volcans plutôt inoffensifs. C'est aussi le cas de l'Etna. Nous allons voir dans ce chapitre leurs stratégies éruptives, les risques qu'elles présentent et comment les hommes gèrent cette situation.

Plus haut que l'Everest

Le plus grand volcan-bouclier du monde est le Mauna Loa, à Hawaii *(voir photo p. 64)*, avec ses 4 165 m au-dessus du niveau de la mer. Si l'on mesure sa hauteur totale, c'est-à-dire en incluant les 5 000 m immergés, il dépasse les 9 000 m de hauteur, et s'avère donc plus haut que l'Everest. Son diamètre est de 200 km à la base. Sa dernière éruption date de 1984. Il fait actuellement une pause, contrairement à son jeune voisin, le Kilauea. Ce dernier nom, que lui donnèrent un jour les Polynésiens qui voyaient en lui le domaine de leur déesse du feu Pelé, signifie à peu près « nuage de fumée qui monte ».

C'est il y a 100 000 ans environ que le volcan a dû surgir de la surface de l'océan. Depuis, il a gagné de la hauteur et s'élève aujourd'hui à 1 247 m sur le flanc du Mauna Loa. La chambre magmatique du Kilauea, au sein de laquelle s'amasse le magma terrestre, se trouve à quelque 3 km au-dessous du sommet. Toutefois, lors des dernières éruptions, la lave ne s'épanchait plus du cratère situé au sommet du volcan, mais elle déviait en mon-

... une terre nouvelle apparaît. Au cours de la dernière phase éruptive du volcan Kilauea, l'île hawaiienne de Big Island s'est agrandie de 120 hectares en six ans.

Née du feu : lorsque la lave se jette dans la mer...

tant et s'écoulait latéralement par des fissures de la roche. Depuis janvier 1983, début de la phase éruptive la plus récente, la lave sort continuellement d'une faille qui mesure une douzaine de kilomètres de long et qui est située à 15 km du sommet.

C'est une série de tremblements de terre qui donna le signal de la phase active. Puis la montagne s'est lentement gonflée. Soudain, plus rien... Les tremblements du sol se calmèrent. « Ils furent remplacés par une vibration rythmée », se souvient un scientifique de l'observatoire de volcanologie d'Hawaii, situé au bord du cratère. Lui et ses collègues interprétèrent ces vibrations comme « la pulsation qui trahissait la montée de la lave depuis les profondeurs ». Et, effectivement, des fontaines de lave jaillirent des fissures situées sur les flancs du Kilauea.

Ce spectacle impressionnant, qui fit la une des journaux dans le monde entier, dura jusqu'en 1986. Une fois par mois environ, le volcan catapultait de la lave pendant plusieurs heures sous forme de jets pouvant atteindre 400 m de haut. Puis il changea de « tactique ». Depuis 1986, en effet, la lave s'écoule calmement. En 1987, elle atteignit la cote située à 11 km *(voir p. 34)*. Le Service géologique des États-Unis a calculé que le Kilauea rejetait plus de 100 millions de mètres cubes de lave par an. Le taux de production était parfois si élevé que l'on aurait pu remplir un stade de football de 65 000 places en une semaine. Entre-temps, la lave a recouvert une zone de 100 km^2 et a agrandi l'île de quelque 120 hectares. Aux endroits où le magma s'écoule dans la mer, il est figé par l'eau froide. Une partie est pulvérisée en minuscules fragments que les vagues emportent et viennent déposer sur les écueils voisins, formant ainsi de nouvelles plages de sable noir.

D'un côté la lave agrandit la surface de terre, mais d'un autre elle engloutit tout ce qui se trouve sur son passage. Ainsi, elle a déjà enseveli la petite commune de Kalapana, sur la côte sud-est d'Hawaii. Toutefois, personne n'a été blessé, et la plupart des gens ont pu sauver leurs biens. Un bon nombre d'entre eux ont même pu mettre leurs maisons de bois en lieu sûr. On les a tout simplement chargées sur des camions et transportées jusqu'à un emplacement moins risqué. Néanmoins, tout cela a mobilisé beaucoup de temps et d'argent, sans parler de la tension nerveuse que cela générait. Or, un grand nombre de victimes ont justement des problèmes d'argent. C'est pourquoi les habitants des zones menacées déposent souvent des fleurs et des fruits sur les masses en fusion qui avancent afin d'apaiser Pelé, la déesse du Feu, qui, d'après leurs croyances, est à l'origine de cette activité volcanique.

Walter Yamaguchi, un commerçant de Kalapana, eut un jour une idée assez originale pour rendre hommage à Pelé. Comme le raconte une brochure de l'Observatoire de volcanologie, il posa une bouteille de gin enveloppée dans des feuilles de palme devant le front de la coulée de lave en progression afin de l'arrêter. Les feuilles brûlèrent et la bouteille explosa dans un fracas assourdissant. Le gin coula sur la lave bouillante et s'évapora aussitôt. La coulée s'arrêta effectivement. Mais la maison de Yamaguchi ne fut protégée que pendant quelques jours. Ce fut toutefois l'une des dernières bâtisses de Kalapana à s'offrir en sacrifice au fleuve de lave.

Les pompiers, qui observent en permanence la progression de la lave et en éloignent les visiteurs trop curieux, adoptèrent en 1990 des méthodes plus pragmatiques. Pour sauver le bâtiment du centre d'information,

Les visiteurs de l'Etna ont rarement la chance de voir la Voragine Grande (la « grande gueule »), qui se trouve au sommet du volcan. En effet, la « tête » de ce géant de 3 340 m de hauteur est généralement dans les nuages.

qui a coûté 600 000 dollars, ils arrosèrent d'eau la lave qui avançait lentement. En vain. L'eau ne refroidit la coulée de lave que superficiellement et ne réussit pas à la stopper.
Les scientifiques de l'observatoire de volcanologie d'Hawaii ont abordé le problème d'un tout autre angle. Ils ont installé sur les flancs du Kilauea des sismographes et des indicateurs de pente (inclinomètres) et, régulièrement, ils analysent la lave et les gaz qui s'échappent du volcan. Ils gardent ainsi un œil sur le « domaine de Pelé », pouvant évaluer ses prochaines colères et prévenir si possible les dangers. La station d'observation des volcanologues, fondée dès 1902, se trouve sur l'Uwekahuna, la « falaise des prêtres qui se lamentent », qui surplombe de 100 m le bord de la grande caldera du Kilauea. C'est probablement de là que les prêtres polynésiens surveillaient eux aussi le volcan.

Islande, l'île fendue

Comme l'archipel hawaiien, l'Islande et quelques autres petites îles voisines sont d'origine purement volcanique. Cependant, l'Islande est totalement différente du point de vue des paysages. Cela tient non seulement au rude climat nordique et à la végétation de ce fait très restreinte, mais aussi à la structure de la source magmatique. En effet, le réservoir magmatique de la dorsale médio-atlantique est perturbé par l'action additionnelle d'un point chaud situé dans les profondeurs. En conséquence, la dorsale est anormalement gonflée, faisant émerger l'Islande, au milieu de laquelle on peut suivre la vallée centrale d'effondrement sur une longueur de plus de 350 km, suivant une direction sud ouest/nord-est (*voir carte p. 62-63*).

Double page suivante. *Différents types de volcans s'élèvent sur les rives du Myvatn, dans le nord de l'Islande. Avec sa paroi circulaire cannelée de quelque 150 m de hauteur, le cratère du Hverfjell est le témoin d'une éruption brève mais violente qui s'est produite il y a 2 500 ans. Il y a 20 000 ans, le volcan tabulaire Burfell (à gauche en arrière-plan) est né d'une éruption longue survenue sous l'épaisse couverture du glacier qui recouvrait alors l'Islande, conférant au volcan cette forme tabulaire caractéristique.*

Dans cette région, l'île est sillonnée de failles généralement parallèles, comme si on l'avait frappée à maintes reprises avec une hache géante. La partie de l'Islande située à l'ouest de la dorsale appartient à la plaque Amérique du Nord et la partie est à la plaque Eurasie. Le long de ces fissures, des éruptions se produisent en moyenne tous les cinq ans.

L'éruption du Laki

Des séismes précèdent généralement ces éruptions. Le sol se fissure alors souvent sur plusieurs kilomètres de longueur et jusqu'à 200 m de profondeur. La largeur de ces fentes s'étend de quelques centimètres à plusieurs mètres. Certaines restent inactives, tandis que le magma monte et surgit dans d'autres. Les éruptions fissurales commencent souvent très violemment : des fontaines de lave jaillissent de nombreux petits cratères situés le long des fissures, et cendres et scories se déversent en formant des cônes. Puis le phénomène se calme et la lave s'épanche en quantité souvent gigantesque. L'exemple le plus connu est celui de l'ouverture en 1783 de la fissure éruptive du Laki, dans le sud de l'Islande, d'où s'est écoulé le plus grand épanchement de lave jamais observé *(voir p. 36)*.

L'éruption de l'Eldgja

La coulée de lave issue da la faille voisine Eldgja, qui a précédé celle du Laki de plus 800 ans, fut guère moins fournie. Les moines irlandais, qui venaient alors en Islande pour christianiser la population, ont dû assister à cette éruption entre 930 et 950 ap. J.-C.

L'éruption de l'Eldgja commença avec une violence inhabituelle. En effet, à cet endroit-là, le magma était plus riche en gaz que partout ailleurs sous l'Islande. Lorsque la couche rocheuse ne put plus supporter la

Il fallut des murs de remblai édifiés par des bulldozers pour arrêter les coulées de lave qui jaillirent en décembre 1991 de l'un des cratères latéraux de l'Etna et qui dévalaient vers la localité de Zafferana. Ce travail de Sisyphe a eu peu d'effet.

Néanmoins, les 7 500 habitants ne furent pas inquiétés car la lave s'arrêta d'elle-même aux abords du village. Seules une petite maison et quelques vignes furent sacrifiées.

pression de gaz accumulé, une explosion se produisit. Un étroit fossé de 30 km de long s'ouvrit, et de là furent catapultés 9 km^3 de cendres, de bombes et de scories avant la coulée de lave.

Cet épanchement de lave fut un argument important dans le cadre des affrontements religieux qui opposaient les différentes tribus qui habitaient en Islande. En 1 000 ap. J.-C., il fallut décider si la population islandaise continuerait à vénérer les dieux nordiques ou si elle devait se convertir au christianisme. L'unicité des croyances constituait un ciment important entre les différents clans, il fallait donc parvenir à un accord. Comme pour toutes les décisions importantes, les représentants des tribus se réunirent à Thingvellir, le lieu de rassemblement traditionnel au bord de l'Almannagja. Ce ravin impressionnant du sud-ouest de l'île suit l'une des nombreuses failles. On pense que c'est en raison de l'excellente acoustique qui règne entre ses abruptes parois de basalte que les Islandais ont choisi cet endroit.

Au cours d'une réunion, les représentants des différents clans apprirent que la lave s'était soudain mise à couler dans les environs et qu'elle menaçait un village. Les partisans des anciennes croyances y virent un signe de la colère des dieux. Un chef de clan pro-chrétien du nom de Snorri se serait alors insurgé contre cette idée et aurait montré la lave solidifiée sur laquelle se tenait la réunion et qui couvre toute la vallée de Thingvellir. Il aurait alors demandé : « Contre qui les dieux étaient-ils en colère lorsque toute cette lave a surgi des profondeurs de la Terre ? » Comme l'épanchement en question remontait à une époque où il n'y avait encore aucun chrétien en Islande, l'argument des païens fut vidé de son sens et l'Islande décida de devenir chrétienne.

Un paysage archaïque : des vapeurs chaudes provenant des entrailles de la Terre envahissent le désert de lave qui s'étend autour de la fissure de Leirhnjukur (région du volcan Krafla, nord de l'Islande).

Du feu sous la glace

De vastes hauteurs peu pentues, ressemblant à des dos de baleine, se sont peu à peu formées sur bien des fissures de l'Islande. La plus célèbre est l'Hekla, qui, au Moyen Âge, représentait pour les Européens la porte de l'enfer. Avec ses 27 km de long, 1 491 m de haut et 5 km de large, elle fait davantage penser à un massif montagneux qu'à un volcan unique. Une série de cratères ponctuent son dos le long d'un système de failles.

Un mécanisme éruptif original

À cause de la proximité du cercle polaire, d'autres morphologies volcaniques et mécanismes éruptifs caractéristiques se sont développés en Islande. En effet, le feu des entrailles de la Terre et l'eau gelée des glaciers s'y confrontent inéluctablement. Ainsi, les volcans qui sont nés pendant les glaciations quaternaires sous l'épaisse couche de glace qui couvrait alors l'Islande ont adopté la forme de montagnes tabulaires. Pendant longtemps, les géologues ne surent pas identifier avec certitude ces larges élévations de plus de 1 000 m de hauteur, aux flancs abrupts et aux sommets plats qui reposaient majestueusement sur les vastes déserts de lave. Bon nombre d'entre eux les avaient interprétés comme de gigantesques blocs surgis des profondeurs, d'autres comme les reliquats d'anciens volcans-boucliers érodés par l'eau et le vent. C'est en 1940 que l'Islandais Gudmundur Kjartansson pensa qu'il pouvait s'agir de volcans engendrés sous une masse de glace.
On ne sait pas très précisément comment s'est déroulé le combat entre la roche en fusion et la glace à la base de la calotte glaciaire qui couvrait l'Islande pendant les phases glaciaires. Quoi qu'il en soit, une immense quantité d'eau a dû être libérée lorsque le magma est entré en contact avec la calotte glaciaire. On suppose que cela donna des conditions assez semblables à celles des fonds océaniques. Au lieu de l'eau de mer, c'est ici plusieurs centaines de mètres de glace qui exercèrent une forte pression sur le magma ascendant. C'est la glace fondue qui est à l'origine de ces formes arrondies des dépôts de lave qui rappellent les coussins qui jonchent les fonds marins *(voir p. 36)*.
On trouve également des volcans actifs sous les glaciers qui couvrent encore certaines parties de l'Islande (ils sont certes de petite taille par rapport à la calotte des glaciations). Lors d'éruptions de faible intensité, la glace fond à la base des glaciers. Résultat : le toit de glace qui couvrait le volcan s'effondre et se fracture en blocs de glace gigantesques entremêlés. De grosses éruptions peuvent faire fondre la calotte glaciaire dans sa totalité. À l'intérieur des masses de glacier résiduelles se forme ensuite un bassin dans lequel s'accumule l'eau de fonte. Un lac apparaît. Si l'eau arrive à s'échapper à travers les parois de glace, de puissantes coulées se déversent en un mélange boueux de cendres volcaniques, de sable et de blocs de glace. Les Islandais parlent alors de *jökulhlaups*, qui représentent l'une des variétés de « lahars », qui sont des coulées de boue dues à la remobilisation de matériaux volcaniques meubles par l'eau (pluies, rupture de lac…).

La caldera du Grimsvötn

L'un des volcans sous-glaciaires les plus actifs d'Islande est le Grimsvötn (culminant à 1 725 m), enfoui sous quelques centaines de mètres de glace du Vatnajökull, le plus grand glacier d'Islande, couvrant avec ses 8 500 km^2 près de 10 % de la superficie de l'île. Le Grimsvötn est occupé par une vaste dépression caldérique retenant un lac sous-glaciaire. Ce volcan, très actif, a connu sept éruptions depuis le début du siècle, et à chaque fois selon le même schéma : la chaleur de la caldera fait fondre la couche de glace par en-dessous. Lorsque la dépression est pleine, un souterrain, dont la profondeur peut atteindre 450 m, repose sous le glacier. L'une des éruptions les plus graves s'est produite en 1934. Dans un fracas de détonations, le glacier s'est fendu. Les cours d'eau se transformèrent en torrents. Une coulée dévastatrice de cendres, de fragments de lave refroidis, d'éboulis et de blocs de glace de la taille d'une maison se propagea sous la glace et ravagea tous les environs.

En 1996, des séismes précurseurs donnèrent le signal d'alarme d'une nouvelle montée du magma. Brusquement, dans la soirée du 30 septembre, une portion de la grande fissure qui passe par le volcan s'ouvre sur son flanc nord, en direction de l'autre grand centre éruptif, le Bardarbunga. Le lendemain, des survols aériens permettent de constater qu'un couloir de glace est en train de fondre à l'aplomb de l'éruption. La crevasse s'agrandit au fil des jours et laisse s'échapper de lourds panaches de vapeur et de cendres qui atteignent jusqu'à 10 km de hauteur le 3 octobre. L'inquiétude gagne la population et les autorités, le souvenir du désastre de 1934 étant toujours présent. Les spécialistes avaient calculé un taux de fusion de 5 000 m^3 d'eau par seconde et, d'après eux, le lac sous-glaciaire devait déborder au bout de quelques jours. Mais le Jökulhlaup se fit attendre... un peu plus d'un mois. Soudain, le 5 novembre, la débâcle qui s'était frayée un passage sous quelques dizaines de kilomètres de glacier, fait irruption au sud, sur la plaine côtière de la rivière Skeidara. Le soir, vers 23 h, le débit atteint

Comme une couverture mortelle, la lave brûlante se répand autour du pied d'un palmier et l'enflamme (Kamoamoa Beach, Big Island, Hawaii).

un maximum de 45 000 m^3 par seconde, quasiment le même que celui de 1934. La crue charriant 100 millions de tonnes de sable, de boue et de rochers dévaste tout sur son passage jusqu'à la mer, emportant 10 km de la route circulaire qui ceinture l'Islande et détruisant plusieurs ponts. Les dégâts ont été estimés à plusieurs millions de dollars.

La naissance d'une île

La « naissance » de l'île de Surtsey compte parmi les événements les plus spectaculaires de la zone de failles qui traverse l'Islande et ses environs.
Elle a surgi des flots sous d'immenses nuages de vapeur et de cendres en novembre 1963, à quelques kilomètres à peine au sud-ouest de l'Islande. Les éruptions étaient alors particulièrement puissantes parce que l'eau de mer, qui ne cessait de s'infiltrer dans la cheminée, s'évaporait de façon brutale. Lorsque le vent ne soufflait pas, le panache de cendres pouvait atteindre jusqu'à 10 km de hauteur au-dessus du cratère. Au bout de neuf jours de cette activité, le nouveau volcan mesurait déjà 60 m au-dessus du niveau de la mer. Les Islandais donnèrent à cette nouvelle île le nom de Surtsey en référence à Surtur, le géant du feu de la mythologie nordique.
En 1964, la lave commença à s'écouler du cratère. Elle donna davantage de tenue à l'île, dont la constitution cendreuse très meuble était jusque-là facilement attaquée par les vagues. Les éruptions durèrent jusqu'en 1967. Depuis, l'île, d'un diamètre de 1 300 m, culmine à 174 m.
Aucun touriste n'a le droit de s'aventurer sur Surtsey. Seuls les scientifiques sont autorisés à s'y rendre pour y observer la façon dont les animaux et les plantes sauvages colonisent ce

La lave de l'Etna, en Sicile, s'épanche souvent vers les régions habitées au pied du volcan. Elle progresse lentement et engloutit inexorablement tout ce qui se trouve sur son passage.

terrain désert. Dix ans plus tard s'ouvrit, au grand étonnement de tous, une faille de 1 800 m de long à la limite de la ville de Vestmannaeyjar, sur l'île de Heimaey, qui se trouve entre Surtsey et l'Islande.
Des fontaines de lave et de cendres surgirent des nombreux cratères qui longeaient cette fissure pendant plusieurs semaines. Des maisons prirent feu et furent ensevelies sous les coulées incandescentes. Cependant, la population de l'île est habituée à l'activité de ses volcans, et donc préparée à ce type d'événement. En quelques heures, Vestmannaeyjar a de ce fait pu être évacuée avec des avions et la flottille des bateaux de pêche.
Les premiers habitants revinrent dans leur ville deux mois seulement après l'éruption. Le travail reprit dans les conserveries de poisson d'Heimaey, et avec l'aide internationale la reconstruction commença. Le site de la ville s'était toutefois modifié : une nouvelle montagne, le Kjerjufell, était apparue, tandis qu'à l'est un immense mur de lave abritait la ville des vents froids.
La coulée de magma qui est à l'origine de ce mur de lave a causé beaucoup de problèmes aux équipes de secours pendant l'éruption et l'évacuation de la ville. En effet, elle se déversait continuellement vers le bassin du port et menaçait de bloquer l'accès à la mer. Les hommes essayaient par tous les moyens de résister au flot de lave. D'énormes quantités d'eau de mer furent pompées et déversées sur la lave brûlante pour la refroidir et l'empêcher de progresser. L'entreprise réussit parce que l'activité du nouveau volcan finit par cesser. La puissante coulée de lave fut stoppée juste à temps. Aujourd'hui, le mur de lave offre au port de Vestmannaeyjar, l'une des principales unités de pêche d'Islande, une protection naturelle contre la mer et ses vagues déferlantes.

L'Etna, le bon volcan ?

C'est avec des moyens bien plus primitifs qu'un groupe de Siciliens lutta contre les coulées de lave de l'Etna il y a trois siècles. Pendant l'éruption de 1669, l'une des plus violentes qui se soient produites dans les temps historiques sur ce volcan du sud de l'Italie, une coulée de magma descendait irrésistiblement vers la ville côtière de Catane. Elle avait déjà dévasté quelques villages en chemin. C'est alors que don Diego Pappalardo, l'un des notables de Catane, appela les habitants à lutter contre la lave. Une cinquantaine d'hommes courageux répondirent à son appel.
Armés de barres à mine, de pics et de pioches, ils s'approchèrent de la lave qui s'écoulait inexorablement. Pour se protéger de la chaleur, ils s'étaient couverts de peaux de vache humidifiées. De chaque côté de la coulée s'était formé un mur de lave refroidie ; le magma s'écoulait entre ces deux parois comme dans un canal et progressait peu à peu vers la ville. Les hommes réussirent néanmoins à ouvrir une brèche dans le mur latéral et à dévier la lave.
Mais le flot incandescent se dirigeait maintenant vers une autre localité, celle de Paterno, dont les habitants étaient bien évidemment très en colère contre leurs voisins. Cinq cents hommes armés se mirent donc en route pour mettre en fuite ces sorciers venus de Catane. À peine ceux-ci furent-ils partis que la brèche pratiquée dans la digue de lave se referma. Le magma, en se refroidissant, l'obstrua en effet rapidement. La coulée se dirigea de nouveau vers la ville côtière et se heurta aux remparts de la cité d'une hauteur de 18 m. La muraille réussit à retenir la masse incandescente pendant plusieurs jours. La coulée se subdivisa en deux bras qui s'écoulaient de part et

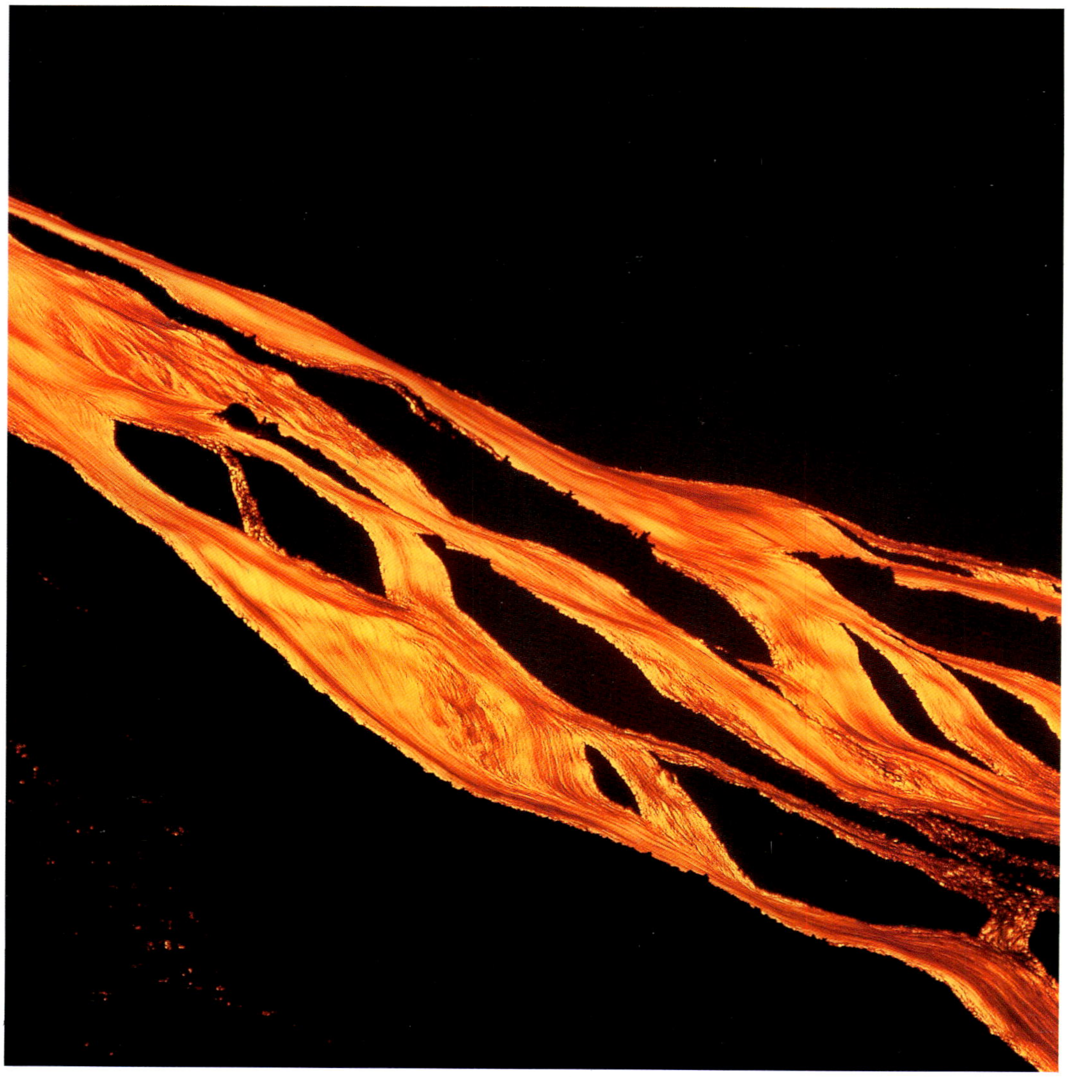

Tissu de feu : un flot de lave s'écoule en plusieurs veines sur les flancs de l'Etna (phase éruptive de 1991 à 1993).

d'autre de la paroi de pierre. Puis la lave en fusion eut raison de la muraille et la perça, envahissant l'ouest de la ville et se jetant dans la mer, jusqu'à 700 m du rivage. Ce drame ne fit cependant aucune victime, car les habitants avaient réussi à quitter les lieux à temps.

Vivre près du danger

Depuis plusieurs siècles déjà, l'Etna est en permanence en activité. La plupart du temps, il se contente d'expulser de son cratère sommital un panache de fumée blanche. Régulièrement, ce sont cependant des coulées de lave qui dévalent de ses flancs. De nombreux cônes volcaniques secondaires, qui ponctuent les flancs du volcan comme des parasites, indiquent l'emplacement de ces éruptions. Les spécialistes parlent d'ailleurs de cônes parasites ou adventifs.

Néanmoins, les Siciliens appellent leur volcan *vulcano buono*, le « bon volcan ». Selon eux, bien qu'il dévaste une bonne partie de ce qui se trouve sur son rayon d'activité, il se comporte assez « bien ». Les Siciliens ont en effet toujours le temps de fuir. Hormis quelques touristes inconscients qui s'étaient arrêtés à proximité des quatre cratères du sommet lors d'éruptions imprévues et qui ont été tués par des bombes, l'Etna n'a fait aucune victime depuis le début du siècle.

Aujourd'hui, 40 000 personnes vivent sur les flancs de l'Etna. Le sol y est très fertile, et légumes, fruits et vigne y poussent très facilement. C'est pourquoi les gens acceptent volontiers de composer avec le Mongibello, la « montagne des montagnes » comme ils appellent souvent l'Etna avec affection. Nombre d'entre eux considèrent leurs terres comme un prêt du volcan qui peut les reprendre à tout moment. Les ex-voto que l'on voit dans les champs témoignent d'ailleurs de ce respect de l'homme pour la puissance de la montagne.

Les Siciliens essaient parfois de conjurer le sort à l'aide de leur seule foi. Pendant l'éruption de 1971, lorsque la lave détruisit l'observatoire volcanologique situé à proximité du sommet, le téléphérique et la route panoramique, ils ont en effet obtenu un miracle. Alors que l'une des coulées se dirigeait vers la petite ville de Sant Alfio, les habitants organisèrent une procession et marchèrent vers le flot de lave en portant leur saint patron. La lave s'arrêta effectivement comme par enchantement.

L'Etna est non seulement le plus grand volcan d'Europe, mais c'est aussi l'un des plus actifs de la planète. Comme pour les volcans d'Hawaii et d'Islande, la composition de son magma en fait un cracheur de feu débonnaire. Il est en effet de nature basaltique, et contient de ce fait peu de silice, ce qui lui permet de dégazer facilement. Cependant, il arrive aussi que l'Etna explose. C'est notam-

ment de ses cratères sommitaux que sont souvent expulsés des nuages de cendres ou des bombes de taille étonnante, voire parfois des fontaines de lave de plusieurs centaines de mètres de hauteur. Toutefois, la lave se contente généralement de s'épancher tout à fait calmement.
Comme elle atteint à peine 1 000 °C lorsqu'elle sort de la cheminée, elle est assez pâteuse et progresse lentement ; c'est une coulée de lave « aa » typique (*voir page 34*). Sa vitesse de progression dépasse rarement les 5 km/h. Si l'épaisse croûte noire qui la recouvre se déchire pendant qu'elle s'écoule, les plaques qui se forment s'empêchent mutuellement de partir à la dérive et se soudent plutôt les unes aux autres. Lorsqu'une telle coulée se solidifie, elle donne une roche noire aux arêtes vives et coupantes. D'innombrables coulées de ce type couvrent les flancs de l'Etna et lui donne la forme d'un puissant bouclier, un massif montagneux qui mesure aujourd'hui 3 323 m de hauteur, 200 km de circonférence et 45 km de diamètre à la base.

L'évolution géologique du l'Etna

Si l'on pouvait découper cet immense massif volcanique, on découvrirait une structure de stratovolcan. Un regard jeté à l'intérieur révélerait en effet que l'Etna était de toute évidence moins « débonnaire » autrefois qu'il ne l'est aujourd'hui. Les strates volcaniques mises au jour par l'érosion montrent la présence de grandes quantités de dépôts meubles, ou pyroclastiques (cendres, lapilli, blocs, etc.), caractéristiques de violentes et dangereuses éruptions explosives, comme c'est le cas pour les volcans de la ceinture de feu du Pacifique (*voir « Des bombes à retardement imprévisibles », p. 97 et suivantes*). Ces strates ont ensuite été recouvertes par des

Eau, feu, glace. Dans un mouvement continu, les vagues de l'Atlantique viennent lécher cette plage de sable volcanique enneigée d'Islande (Dyrholaey, sud de l'Islande).

Avec un dispositif photographique sophistiqué, cette coulée de lave nocturne sur le Pacifique se transforme en un rouleau compresseur de flammes et de vapeur (Kilauea, Big Island, Hawaii).

coulées de lave. On trouve également au cœur de l'Etna des restes de vieux édifices volcaniques effondrés. En effet, l'Etna d'aujourd'hui est le plus jeune membre de toute une série de volcans anciens qui ont disparu ou qui ont été ensevelis lors d'explosions ou d'éruptions catastrophiques ultérieures. Le centre des éruptions a ce faisant constamment changé. L'Etna actuel a commencé à se former il y a seulement 100 000 ans environ. Le socle de l'Etna est lui aussi surprenant puisqu'il est calcaire. Seuls les 2 000 m supérieurs sont volcaniques. C'est pourquoi les spécialistes comptent l'Etna parmi les volcans intraplaques bien que cela ne corresponde pas vraiment à sa position structurale, en limite des plaques Afrique et Eurasie.

En simplifiant, il est possible de résumer la situation ainsi : la limite complexe entre les plaques Afrique et Eurasie traverse la Sicile d'ouest en est et engendre une forte sismicité lorsque la tension accumulée au contact des deux plaques se libère, mais le volcanisme de l'Etna n'est pas dû directement à la convergence des plaques.

Un grand système de failles nord-sud fracture la lithosphère et autorise la remontée du magma directement du manteau terrestre, sans l'intervention d'un plan de subduction. Le magma peut ainsi alimenter continuellement les chambres situées sous le volcan. Si la quantité de magma qui afflue des profondeurs est trop importante, la lave jaillit du cratère et s'écoule à l'extérieur.

Lutter contre la lave : un combat inégal

La dernière phase éruptive a duré de décembre 1991 à mars 1993. La lave s'épanchait d'un cratère situé à 2 450 m et disparaissait quelques centaines de mètres plus bas dans un tunnel naturel. Ainsi isolée thermiquement, elle est restée chaude et fluide tout au long de son trajet vers le bas. À proximité de la localité de Zafferana, elle est ressortie en surface. C'est avec un débit de 17 m^3 à la seconde que la lave a surgi du tunnel vers la ville de Zafferana, menaçant ses 7 500 habitants.

Ce n'est pas le volcan lui-même qui faisait la une des journaux pendant cette phase éruptive, mais plutôt les efforts et les tentatives des scientifiques et de l'armée pour arrêter la coulée de lave. On a tout d'abord érigé des digues avec des bulldozers. On a tenté d'obstruer le trou par lequel la lave pénétrait dans le tunnel pour pouvoir ainsi dévier le flot de magma. Plusieurs dynamitages y introduisirent des tonnes de roche, ce qui ne sembla pas gêner la coulée de lave. Puis on lâcha par hélicoptère des blocs de béton pesant jusqu'à 7 tonnes sur l'entrée du tunnel par lequel pénétrait la lave. Ils fondirent « comme des biscuits trempés dans un bol de lait chaud », pouvait-on lire dans le quotidien *Corriere della Sera*.

Finalement, la lave s'écoula dans quelques vignes et vergers et s'arrêta près d'une résidence secondaire aux abords de Zafferana. La coulée s'immobilisa d'elle-même. Il ne se passa plus rien. Pendant cette série d'éruptions de 1991 à 1993, l'Etna a craché au total entre 250 et 300 millions de mètres cubes de magma. Cette quantité permettrait de recouvrir Paris sous une couche de lave de 3 m d'épaisseur. Une étendue de 7 km^2 est actuellement recouverte par cette roche noire scoriacée, coupante, chaotique et difficile à parcourir qu'est devenue la lave en se solidifiant.

Les scientifiques pensent qu'il s'est agi de la plus grosse éruption des trois cents dernières années. La montagne est actuellement « épuisée » et a repris son activité chronique dite « normale », dont témoignent les panaches de fumée blanche qui s'élèvent souvent des quatre cratères sommitaux.

Lorsque les volcans explosent, c'est habituellement avec une incroyable puissance. Ils propulsent souvent des nuées ardentes et des coulées de boue mortelles qui dévalent leurs flancs. Leur sommet est parfois même désintégré et expulsé dans les airs. Des nuages de cendres s'élèvent dans l'atmosphère et atteignent des kilomètres de hauteur. Pour les personnes qui se trouvent dans le périmètre d'activité

Des bombes à retardement imprévisibles

de ces volcans explosifs, il n'existe généralement aucune issue.

Double page précédente.
Lac de cratère qui a envahi la gueule du volcan Botos, au Costa Rica.

Ci-contre.
Comme il ne pleut presque jamais sur les îles Canaries, les cônes volcaniques sont d'une part très peu érodés et d'autre part très nus. Ils sont encore aujourd'hui tels qu'au jour de leur apparition, il y a parfois plusieurs millions d'années (Caldera Blanca, Lanzarote, îles Canaries).

Selon les estimations des experts, la puissante explosion du mont Saint Helens en mai 1980 correspondait à une énergie de 1,7 fois 10^{18} joules. Les 400 m supérieurs de ce volcan de la chaîne des Cascades, dans l'État de Washington, dans le nord-ouest des États-Unis, qui mesurait à l'origine 2 950 m d'altitude, ont été soufflés dans les airs tandis que d'immenses nuages de cendres s'élevaient dans l'atmosphère. Ces chiffres paraissent certainement très abstraits au profane. C'est pourquoi, pour rendre l'ampleur de cette puissance plus concrète, les volcanologues comparent souvent les éruptions volcaniques à ce que l'homme connaît de pire en matière d'explosion : la puissance destructrice des bombes atomiques.
C'est ce que fait également Hans-Ulrich Schminke, volcanologue au centre de recherche de Kiel, en Allemagne. Il a calculé que l'énergie libérée lors de l'explosion principale du mont Saint Helens, qui a duré neuf heures, équivaut à peu près à la détonation de 27 000 bombes du type de celle d'Hiroshima. L'éruption de mai 1980 serait donc comparable à un processus au cours duquel toutes les une à deux secondes une bombe de cette catégorie exploserait, et ce pendant neuf heures.
Après cent vingt ans de sommeil, le volcan avait annoncé son réveil : des semaines auparavant, il avait déjà commencé à trembler violemment et à gonfler progressivement. Les scientifiques ne le quittaient donc pas des yeux. Ils comparaient le processus qui se déroulait devant eux à un autocuiseur rempli d'eau bouillante. En effet, le magma qui s'élevait dans la montagne libérait tant de chaleur que la calotte de glace qui couvrait le sommet du mont Saint Helens commença à fondre. De l'eau pénétra à l'intérieur du volcan et fut portée à haute température, comme dans un autocuiseur fermé, par le magma qui montait. L'énorme pression provoqua un gonflement sur un flanc du volcan qui s'effondra. La décompression qui s'ensuivit déclencha l'éruption qui souffla le sommet du volcan, comme si le couvercle d'un autocuiseur sautait brusquement.
Sous la pression soudain libérée, il explosa avec une telle violence qu'il se décapita en quelque sorte lui-même, tuant 57 personnes, dévastant de vastes étendues et déboisant les forêts alentour. Les dégâts, qui s'élevèrent à 1 milliard de dollars environ, touchèrent principalement l'industrie du bois.
C'est aujourd'hui un nouveau bouchon qui vient obstruer la cheminée du volcan. Le dôme de lave qui s'est constitué peu à peu après l'éruption de 1980 mesure 250 m de hauteur *(voir p. 38)*.
Le mont Saint Helens est l'exemple type du volcan explosif. Cette dangereuse catégorie compte plus de 1 000 des quelque 1 350 volcans actifs de la planète. On considère comme « actifs » les volcans qui sont entrés en éruption au cours des dix mille dernières années, c'est-à-dire depuis la fin de la dernière glaciation. Cette durée peut paraître très longue, mais elle l'est peu dans la mesure où un volcan a une durée de vie de 1 million d'années, voire davantage.
Ces chiffres ont été estimés par la Smithsonian Institution. Cet institut américain de renommée internationale, installée à Washington DC, finance dans le monde entier des expéditions et des projets de recherche qui ont pour but de rassembler et de publier continuellement des données sur tous les volcans de la planète.

Même des volcans considérés inoffensifs, comme le Stromboli, peuvent devenir dangereux. De nombreux touristes gravissent les 900 m de son cône pour admirer les éruptions régulières depuis la terrasse du cratère. Toutefois, en février 1993, des cendres et des blocs de lave furent propulsés très haut de façon tout à fait imprévue, recouvrant l'ensemble du sommet de scories blanches. Si des personnes avaient été présentes à ce moment-là, elles auraient été en danger de mort.

La ceinture de feu du Pacifique

Les volcans que l'on considère comme imprévisibles et dangereux sont presque tous situés à l'aplomb des zones de subduction, c'est-à-dire là où une plaque lithosphérique plonge sous une autre plaque. D'après les statistiques, une quarantaine de volcans de subduction entrent en éruption chaque année. Or, la plupart des volcans de ce type se trouvent sur ce que l'on appelle la « ceinture de feu du Pacifique » *(voir carte p. 62-63)*. Leur dangerosité potentielle est fonction de la nature du magma qui y pénètre depuis les profondeurs de la Terre. Il contient en effet une proportion assez importante de silice, ce qui le rend assez pâteux *(voir p. 22)*. À son arrivée vers la surface, il se couvre rapidement d'une pellicule solide, s'introduit dans la cheminée, comme de la pâte dentifrice d'un tube, et l'obstrue. Une activité continue, telle celle de l'Etna, qui repose sur un dégazage facile et non entravé, est donc bloquée. Les gaz ne peuvent pas se libérer ; ils s'accumulent, la pression monte. Si celle-ci prend le dessus, une explosion se produit.

La majeure partie du magma est propulsée hors du cratère sous forme de pierre ponce, de cendres, de scories et de bombes. Ces matériaux s'entassent autour de la cheminée et sur les flancs du volcan et donnent à celui-ci la forme typique d'un volcan explosif, c'est-à-dire celle d'un cône très pentu. Seulement 10 % du magma environ s'écoulent sous forme de lave incandescente, qui, lorsqu'elle refroidit, consolide les cônes. Ce qui rend ces volcans particulièrement dangereux, ce sont tout d'abord les nuées ardentes qui émanent souvent de leurs cheminées pendant les explosions et dévalent leurs flancs abrupts *(voir p. 29)* en arrachant et en

Le plus acide des lacs acides du monde (pH = 0), qui se trouve dans le cratère du volcan Poas, au Costa Rica, a des reflets verts. Des gaz toxiques en émanent et empêchent la progression de la forêt tropicale environnante. La dernière éruption du Poas date de 1989. C'est l'un des dangereux volcans de la ceinture de feu du Pacifique.

dévastant tout sur leur passage. Par ailleurs, des coulées de boue dévastatrices (appelées « lahars ») peuvent se former sur les volcans des zones de subduction. L'eau qui alimente les coulées de boue provient d'un lac de cratère, de fortes pluies ou bien du glacier qui couvre les volcans les plus hauts.

En Colombie, la ville d'Armero et ses habitants ont été victimes d'une catastrophe de ce type où 22 000 personnes ont péri dans la coulée qui déferla du Nevado del Ruiz en novembre 1985. L'éruption du sommet du volcan, situé à 5 389 m d'altitude, ne fut pas particulièrement violente, mais la faible quantité de ponces et de cendres qui retomba sur le glacier du volcan suffit pour provoquer un écoulement de glace fondue. La coulée dévala les flancs abrupts de la montagne à une vitesse de 40 à 60 km/h en suivant toujours des gorges profondes, jusqu'à la ville d'Armero, pourtant distante de 50 km. La coulée de boue était chargée de blocs de pierre et de troncs d'arbres qu'elle avait arrachés sur son passage. Des témoins oculaires rapportèrent que la coulée était tout d'abord froide, puis chaude. Les gens ont été engloutis et noyés dans la boue. Le phénomène n'a duré que 20 à 30 minutes, mais cela suffit pour enterrer Armero vivante.

Aujourd'hui, la couche de boue a séché. Elle mesure 1 m à 1,50 m de hauteur et couvre une étendue de 40 km^2.

Victimes des éruptions

C'est surtout dans les zones à forte densité de population que les dommages que peuvent provoquer les volcans explosifs sont importants. Or, plusieurs régions très peuplées se trouvent justement sur le ceinture de feu du Pacifique. L'île indonésienne de Java, par exemple, qui compte sur son axe longitudinal quelques-uns des volcans les plus imprévisibles du monde, fait aussi partie des régions les plus densément peuplées de la planète.

Il en va de même pour les Philippines. Si, en février 1993, l'éruption du Mayon (haut de 2 462 m) n'a fait que 60 morts, c'est parce que 40 000 personnes ont pu être évacuées à temps. La plupart des victimes ont péri dans des nuées ardentes. Quelques paysans qui travaillaient dans les champs au pied du volcan au moment de l'éruption ont été brûlés par les retombées de cendres.

L'éruption du Pinatubo en 1991 fit 900 victimes, priva de toit 1,2 million de personnes et dévasta des centaines de kilomètres carrés. Une couche de cendres blanc sale a recouvert le sol. Les dégâts, qui s'élevèrent à plus de 4 milliards de francs, furent essentiellement provoqués par des coulées de boue, elles-mêmes déclenchées par un typhon qui frappa les Philippines en même temps que l'éruption volcanique. Les pluies torrentielles emportèrent des barrages, détruisirent des ponts, arrachèrent des lignes électriques et empêchèrent les centrales électriques de fonctionner.

Un autre exemple de région volcanique densément peuplée est celui de l'archipel japonais. Le Sakurajima, au pied duquel vivent 7 500 personnes et situé non loin de la grande ville de Kagoshima, est l'un des volcans les plus actifs du monde. Depuis qu'il fut mentionné pour la première fois en 708 ap. J.-C., on a pu constater des milliers de petites éruptions.

Le Sakurajima est un voisin du dangereux Unzen, dont les nuées ardentes furent fatales en 1991 au célèbre couple de volcanologues français Katia et Maurice Krafft ainsi qu'à quelques journalistes. Ces deux volcans sont à juste 1 000 km du célèbre Fujiyama (3776 m d'altitude), qui, pour les Japonais,

Qu'est-ce qui a bien pu se passer sur le forum de Pompéi lorsque le Vésuve (en arrière-plan) est entré en éruption de façon tout à fait imprévisible en l'an 79 ap. J.-C. ?

symbolise la beauté, la noblesse et la force de la nature. Actuellement, il n'est plus très actif. Sa dernière éruption remonte à 1707.

En Europe

Il existe également des volcans explosifs en plein cœur de l'Europe. Les explosions les plus récentes ont cependant eu lieu il y a 11 000 ans. Cela se passait sur l'Eifel, une partie du Massif schisteux rhénan. Témoins de cette activité volcanique, les lacs circulaires (appelés « maars ») que l'on trouve dans la région, dont le célèbre Laacher See. Ils comblent en effet les trous laissés par les explosions.

Les éruptions du massif de l'Eifel ont été provoquées par des zones de fractures profondes qui recoupent la lithosphère de la plaque Eurasie, par lesquelles le magma s'est infiltré. Lorsqu'à proximité de la surface il est entré en contact avec la nappe phréatique, il se produisit de violentes explosions qui découpèrent à l'emporte-pièce des cratères.

Au cours de cette dernière éruption, il y a 11 000 ans, la quantité de matière éjectée fut plus importante que pour l'explosion du mont Saint Helens en 1980. Cendres, poussières et ponces ont dû être projetées hors de la cheminée avec une violence énorme. D'après les calculs des scientifiques, le nuage qui plana au-dessus du nord, du sud et de l'ouest de l'Allemagne atteignait 40 km de hauteur. On trouve des restes des particules de cendres de l'éruption du lac Laacher jusque dans le nord de l'Italie.

Lorsqu'on observe aujourd'hui le paisible paysage de l'Eifel, il est difficile d'imaginer qu'autrefois des volcans y manifestaient de rageuses colères. Une centaine d'éruptions s'y sont déroulées au cours des sept cent mille dernières années, séparées généralement par 10 000 à 20 000 ans de repos.

Les statistiques montrent donc que la dernière explosion qui s'est produite il y a 11 000 ans n'est pas nécessairement la dernière...

Des mesures de nivellement précises viennent d'ailleurs corroborer l'idée que les volcans de l'Eifel ne sont pas encore éteints. En effet, le sol continue à s'élever de 1 millimètre par an environ. Des géophysiciens en ont compris la raison en analysant le parcours des ondes sismiques : une grande zone en fusion, d'un diamètre de 150 km et située entre 50 et 150 km de profondeur, se trouve à la base de la lithosphère.

Quant au plus célèbre volcan d'Europe, le Vésuve, et aux champs Phlégréens (en Campanie, la région plus discrètement volcanique qui l'entoure), ce sont des bombes à retardement particulièrement sournoises. Ils se trouvent sur la côte occidentale de l'Italie, dans l'une des plus jolies régions, mais aussi l'une des plus peuplées du bassin méditerranéen. Là, à l'origine du volcanisme, on retrouve une zone de subduction, même si elle est petite comparée à celles qui bordent le Pacifique. Par la poussée qu'exerce la plaque Afrique sur la plaque Eurasie, la lithosphère est fragmentée, dans la zone méditerranéenne, en micro-plaques. L'une d'elles est la micro-plaque tyrrhénienne, qui borde l'ouest de la péninsule italienne. C'est le magma engendré à cet endroit qui a fait surgir les volcans sur l'axe longitudinal de la Botte italienne. Aujourd'hui, c'est lui qui fournit la chaleur des champs géothermiques autour de Larderello, en Toscane, et qui alimente les chambres magmatiques situées sous le Vésuve et sous les champs Phlégréens.

Sournois et dangereux, le Vésuve

Le Vésuve se dresse majestueusement au-dessus de la baie de Naples. On atteint confortablement le cratère, car on peut monter en voiture ou en autocar à proximité. La route goudronnée serpente entre les langues de lave refroidie qui s'étirent sur ses flancs. Les plus anciennes, déjà recouvertes d'une épaisse végétation (buissons et pins), sont aujourd'hui difficilement reconnaissables. En revanche, les plus récentes (c'est-à-dire la coulée de lave de la dernière éruption de 1944) sont encore noires et nues, seulement parsemées ici et là de quelques touffes de lichen.

C'est à une centaine de mètres du sommet environ que démarre le sentier pédestre. Il progresse à travers un paysage lunaire, caillouteux et sans végétation, jusqu'au bord de l'impressionnant cratère. Ses parois rocheuses tombent à pic sur 200 à 300 m vers la gueule du volcan, actuellement obstruée par un bouchon de lave refroidie. Comme un voile délicat, des vapeurs claires nimbent la roche en maints endroits. C'est là un signe indiscutable que le Vésuve n'est pas encore éteint.

La chambre magmatique est à 5 km au-dessous du sommet. D'après les calculs des volcanologues, elle contient 80 millions de mètres cubes de roche en fusion. Dès que le bouchon de lave qui obstrue le cratère ne pourra plus résister à la pression exercée par en bas, le volcan explosera. Personne ne sait quand cela se produira.

Au cours des siècles passés, et jusqu'à la dernière éruption de 1944, le Vésuve crachait régulièrement de la lave et des cendres. Selon ce « rythme éruptif », il serait déjà en retard d'une quarantaine d'années. Pourtant, il est apparemment calme. Plus le Vésuve

L'un des volcans les plus explosifs de la péninsule russe du Kamtchatka est le Karymsky (1 536 m de hauteur). Il ne présente toutefois aucun danger pour les hommes, car la toundra marécageuse n'est pas habitée. À cause de ses fréquentes éruptions, les volcanologues le surveillent constamment.

sommeille longtemps, plus son réveil sera violent. Quelque 800 000 personnes vivent actuellement au pied du volcan.

On ne sait pas grand-chose de la naissance de cette montagne. Elle aurait surgi au milieu de la mer il y a 12 000 ans, et cette île se serait rattachée à la terre ferme tout en prenant de la hauteur. Avant son éruption de l'an 79 ap. J.-C., il a connu une phase de sommeil de plusieurs siècles. On le croyait éteint ; il était couvert de forêts jusqu'au sommet, ce qui lui a valu le nom de Somma.

L'éruption de 79, qui le rendit célèbre, est la première éruption volcanique des temps historiques pour laquelle on dispose de documents précis. Pline le Jeune raconta dans deux de ses lettres à l'historien romain Tacite comment son oncle, le célèbre naturaliste Gaius Plinus Secundus, dit Pline l'Ancien, mourut dans l'explosion. Au moment de l'éruption, il était en effet à Stabies (aujourd'hui Castellmamare), l'une des villes situées au pied du Vésuve qui ont été ensevelies sous une pluie de cendres. Pline l'Ancien avait largement sous-estimé l'éruption. Alors que les premiers habitants de Stabies commençaient à fuir la ville, parce que la terre tremblait violemment et que les premiers nuages éruptifs s'élevaient du cratère, Pline aurait en effet pris le temps de visiter encore un établissement balnéaire.

Lorsqu'il se décida enfin à partir, la pluie de ponces et de cendres avait déjà plongé Stabies dans l'obscurité. Pris de panique, les gens couraient dans les rues de la ville. Ils avaient attaché des coussins sur leur tête pour se protéger des chutes de pierres. Pline l'Ancien n'aurait pas réussi à gagner un lieu plus sûr. Il s'est vraisemblablement effondré sur l'une des routes et a ensuite été asphyxié par un nuage de gaz brûlants. Son cadavre a été retrouvé après l'éruption.

Lors de cette violente explosion de la Somma, l'« ancêtre » en quelque sorte du Vésuve, le magma a été expulsé de la cheminée avec une telle violence qu'il a essentiellement pris la forme de cendres, de ponces, de scories et de bombes qui formèrent d'énormes nuages et nuées ardentes.

Pompéi, qui était alors une cité florissante de 25 000 habitants, avec de nombreux bains, théâtres, temples et tavernes, a été ensevelie sous une couche de cendres et de ponces de 4 à 5 m d'épaisseur, sur laquelle vinrent encore déferler quelques nuées ardentes *(voir p. 29)*. Herculanum, qui se trouvait sur le côté abrité du vent, disparut pour sa part sous une coulée de boue de 10 à 20 m d'épaisseur. À Stabies, un peu plus éloignée, la couche de dépôts laissée par la pluie de cendres ne mesurait que 1 m d'épaisseur.

Lors de l'éruption, la chambre magmatique a dû être vidée, comme dans le cas de l'explosion du Krakatau en 1883 *(voir p. 8 et suivantes)*, par de volumineuses expulsions de cendres et de ponces, entraînant l'effondrement du plafond de la chambre et détruisant ainsi une partie du sommet de la Somma. Une caldera est apparue, dans laquelle a surgi au cours des siècles qui suivirent un deuxième cône volcanique, le Vésuve actuel.

On ne sait pas exactement combien de personnes ont péri lors de l'éruption de 79 ap. J.-C. Mais d'après les résultats des fouilles archéologiques, on estime que le nombre de victimes est compris entre 1 500 et 2 000.

Les « champs qui brûlent »

Parce que les différents cratères sont peu élevés et emboîtés les uns dans les autres et que la région est aujourd'hui très densément peuplée, on a du mal à comprendre que les

champs Phlégréens (*Campi Fleigrei* en italien), ces fameux « champs qui brûlent », situés à quelques kilomètres à l'ouest du Vésuve, constituent une vraie région volcanique. Une gigantesque explosion s'y est produite voici au moins 35 000 ans. Il y a quelques années à peine, des scientifiques russes ont retrouvé près de Moscou des particules de cendres provenant de cette éruption. Une caldera de 15 km de diamètre est apparue, dans laquelle quelque cent cinquante petits volcans se sont formés au cours des siècles. Le plus jeune, le Monte Nuovo, a à peine 450 ans.
Sa « naissance », en 1538, fut un événement très important pour la volcanologie. C'était en effet la première fois que des Européens pouvaient observer comment un volcan naît et grandit. Une faille s'était alors ouverte dans le sol, par laquelle cendres et ponces furent expulsées pendant deux jours et deux nuits. Ces projectiles formèrent un mur circulaire de 140 m de haut autour du site de l'éruption. Huit jours plus tard, tout ce remue-ménage était terminé. Depuis, tout est calme sur le Monte Nuovo.
Pourtant, dans les champs Phlégréens, la terre continue à bouger. La région a encore été secouée de violents tremblements de terre en 1983 et 1984. La ville de Pouzzoles a été évacuée, et une grande partie des bâtiments anciens étaient déjà condamnés depuis longtemps à cause des risques d'effondrement. Le cratère, qui se trouve au milieu d'un quartier très peuplé, est toujours actif. C'est la fameuse Solfatare, qui a donné son nom à toutes les fumerolles soufrées de la planète.
À l'intérieur de la cuvette, une boue grise bouillonne dans des sortes de mares où de grosses bulles viennent crever à la surface. Le sol est couvert d'une croûte de soufre jaune

Selon la légende grecque, le cratère de la Fossa à Vulcano fume parce que Héphaïstos, le dieu du feu de la terre, a installé sous l'île l'une de ses forges (îles Lipari, sud de Italie).

qui répand une odeur nauséabonde d'œuf pourri. Des nuages de vapeur fusent des fissures et s'élèvent le long des parois du cratère jusqu'aux habitations, aux fenêtres desquelles sèche le linge. Les habitants de Pouzzoles ont en quelque sorte composé avec la Solfatare.

Il existe dans le port de la ville d'autres signes de l'activité volcanique qui se joue en arrière-plan : observons les vestiges des colonnes du marché antique, site que l'on attribue aujourd'hui – à tort – à un temple de Sérapis.

Les traces que les pholades ont laissées dans la pierre des colonnes montrent que le site a dû être partiellement immergé pendant de longues années. Effectivement, le niveau du sol s'élève et s'abaisse en ce lieu, avec une variation maximale de 12 m depuis la construction du temple.

La raison en est la suivante : comme sous le Vésuve, il existe aussi une chambre magmatique sous les champs Phlégréens. Suivant son degré de remplissage, le sol « enfle », ou bien « désenfle » et redescend au-dessous du niveau de la mer. Lorsque le Monte Nuovo est apparu en 1538, le temple antique s'est élevé de 6 m. Après l'éruption, il est redescendu de 4 m.

De même, on peut lire sur les colonnes que le sol a progressivement gonflé autour de Pouzzoles dans les années qui précédèrent le tremblement de terre de 1983, avant de dégonfler de nouveau. Aujourd'hui, il n'y a pas d'eau au pied des colonnes, et tout semble calme. Mais pour combien de temps ?

Les volcans explosifs se succèdent en enfilade le long de la côte est de la péninsule russe du Kamtchatka. Parmi eux se trouve le Gorely, dont le sommet est percé de plusieurs cratères.

Né du feu : le Kamtchatka

Revenons maintenant à la ceinture de feu du Pacifique. Dans sa partie septentrionale, près de la limite de la banquise sibérienne, s'étire la péninsule du Kamtchatka, baignée par la mer de Béring, la mer d'Okhotsk et l'océan Pacifique. Presque personne ne connaît cette région de Sibérie nord-orientale. Pendant la Guerre froide, il s'agissait d'une zone militaire interdite d'accès. On savait très peu de chose sur les éruptions volcaniques qui s'y déroulaient, même si plusieurs centaines de scientifiques y étaient stationnés et y observaient les volcans.

Le Kamtchatka constitue l'un des paysages volcaniques les plus actifs et les plus spectaculaires de la Terre, et c'est aussi l'un des plus diversifiés. Depuis les éruptions explosives jusqu'aux paisibles coulées de lave en passant par les fumerolles, les solfatares et les geysers *(voir p. 52)*, on y trouve tout ce que le volcanisme peut produire.

Seulement 500 000 personnes habitent sur cette langue de terre de 1 200 km de long et 480 km de large. Les deux tiers au moins vivent dans l'agglomération de Petropavlovsk, la capitale. Leurs principales sources de revenus sont la pêche et la construction navale. Le reste de la péninsule, où de vastes forêts marécageuses alternent avec des étendues de toundra, est pratiquement inhabité, exception faite de quelques petites localités. C'est pourquoi les 160 volcans que l'on y trouve ne peuvent y provoquer de gros dégâts.

Les volcans actifs du Kamtchatka sont tous situés sur une bande de 700 km de long et 80 km de large, le long de la côte est de la péninsule. C'est là qu'une portion importante de la plaque Pacifique plonge sous la plaque Eurasie, à la vitesse de près de 10 cm par an. La zone de convergence du Kamtchatka peut donc être comptée parmi les zones de subduction « rapides » du monde.

Les Itelmènes, les Koriaks, les Evenks, les Tchouktches et autres premiers habitants de la péninsule se sont toujours tenus à distance des volcans actifs qui se trouvent le long de la côte du Pacifique. Ils ne voulaient pas déranger les esprits facilement irritables et cracheurs de feu, qui, d'après leurs croyances, y habitaient. C'est pourquoi nous ne disposons pas de descriptions des éruptions volcaniques des premiers siècles.

Le Kliuchevskoi

Il fallut attendre 1750 pour que la situation change. Cette année-là, le tsar Pierre le Grand organisa l'exploration des régions orientales de son royaume. Il y envoya deux expéditions, toutes deux conduites par le navigateur danois Vitus Béring. Parmi les participants, citons aussi le jeune naturaliste Stephan Petrovitch Kracheninnikov. Il fut le premier à décrire les volcans du Kamtchatka de façon si détaillée que les volcanologues russes continuent aujourd'hui encore à se reporter à ses écrits.

« La montagne entière semblait être un rocher incandescent », c'est en ces termes que Kracheninnikov dépeignit une éruption du volcan le plus haut du Kamtchatka, le Kliuchevskoi (4 750 m). « La flamme que l'on voyait à travers une fissure descendait parfois comme un torrent de feu, le tout dans un fracas assourdissant. Dans la montagne, on entendait le tonnerre gronder, des craquements et un sifflement comme celui d'un énorme soufflet, qui faisaient tout trembler dans les alentours. »

Le Kliuchevskoi est aussi le volcan à activité historique le plus haut d'Asie. Il s'élève majestueusement au-dessus d'un immense

Le soleil couchant plonge la paroi intérieure du cratère du Stubel dans une lumière magique : chaque retombée de cendres et chaque coulée de lave se sont traduites par une couche de couleur différente. Les experts parlent dans ce cas de stratovolcan. Cette stratification est caractéristique des volcans explosifs (volcan Ksudach, Kamtchtka, nord-est de la Sibérie).

champ de coulées de lave et de dépôts de cendres. Sa forme conique presque parfaite, toujours enveloppée d'un manteau de glace, ainsi que les fumerolles qui s'échappent constamment de son cratère en font l'un des plus beaux volcans de la planète. Depuis 1982, il est entré en éruption tous les ans. Durant l'été 1993, sa cheminée a craché pendant des jours et des jours des fontaines de lave, tandis qu'une épaisse coulée dévalait ses pentes abruptes. Cette langue noire se détache nettement sur les flancs en glace de la montagne : la neige ne tient pas sur la lave solidifiée, mais encore chaude.

Le Bezymianny, le Tolbachik, le Mutnovsky

Juste à côté s'élève le sournois Bezymianny. En 1956, une violente explosion a volatilisé une grande partie de son sommet, comme lors de la catastrophe du mont Saint Helens. Pourtant, seuls les initiés furent au courant de cette éruption. La lave qui s'écoula était en effet si pâteuse que, comme dans le cas du parent américain du Bezymianny, elle obstrua la cheminée. Quelques semaines seulement après l'éruption du Kliuchevskoi en 1993, des nuages de cendres s'élevèrent jusqu'à 15 km de hauteur dans l'atmosphère. Le Tolbachik, un autre voisin, fut pendant très longtemps le seul volcan connu du Kamtchatka. Il s'agit davantage d'un massif montagneux parsemé de cratères que d'un volcan aux éruptions explosives. Son éruption du 16 juin 1976, qui avait pu être prédite de façon très précise, ajouta encore à sa renommée. Des photographes étrangers eurent même l'autorisation de pénétrer dans la zone militaire, et leurs images firent le tour du monde.
C'est sur les étranges champs de lave du Tolbachik que les scientifiques et les

Expédition volcanologique sur la péninsule russe du Kamtchatka : seuls de lourds camions militaires peuvent amener les scientifiques à proximité de volcans comme le Mutnovsky, perdus dans une immensité désertique.

ingénieurs russes testent aujourd'hui avec leurs confrères américains le prototype de la « Mars-mobile », qui doit explorer le terrain de la lointaine planète lors de la prochaine mission.

Actif, le Mutnovsky est un massif volcanique tout aussi impressionnant. Un grand glacier couvre les cratères qui ponctuent le dos fissuré de cette montagne. Le Mutnovsky est encore l'un des ces volcans que personne n'identifierait comme tel à première vue. Toutefois, dès que l'on gravit ses flancs, on remarque qu'il s'agit de l'un des plus actifs et des plus dangereux de la péninsule russe. La terre y paraît vivante. Des blocs de rocher se détachent en permanence des parois, individuellement ou en groupes, et dévalent bruyamment vers la vallée.

Ces mouvements sont provoqués par des micro-séismes indétectables par l'homme. Le changement de température entre la nuit et le jour contribue également à faire éclater une roche déjà cassante et à la mettre en mouvement.

Immédiatement à côté des étranges blocs de glace du glacier, des vapeurs chaudes à l'odeur irritante s'échappent du sol. Les orifices par lesquels elles sortent sont entourés de précipitations de soufre jaune vif qui forment souvent des espèces de cheminées. Dans les bassins de boue de plusieurs mètres de diamètre, l'eau est bouillante. Il arrive d'ailleurs qu'elle jaillisse en de hautes fontaines.

L'Avachinsky

Le seul volcan du Kamtchatka qui peut présenter un danger pour l'homme est l'Avachinsky (2 725 m). C'est, avec le cône du Koryaksky, l'une des montagnes qui dominent Petropavlovsk. Il ne se trouve qu'à 25 km des limites de la ville. Lors de sa dernière éruption, qui remonte à janvier 1991, les habitants de la capitale purent observer toute la journée par les fenêtres de leurs appartements les fontaines de lave qui jaillissaient de son sommet. Cependant, les coulées ne parvinrent pas jusqu'à la ville.

Une coulée de boue en réduction : lorsque la cendre volcanique chaude coule sur la glace ou la neige d'un glacier, de grandes quantités d'eau et de boue se mettent aussitôt en mouvement et dévalent à toute allure les flancs du volcan. La coulée de boue (ou « lahar ») que provoqua l'éruption du Nevado del Ruiz, en Colombie, en 1985 coûta la vie à 25 000 personnes.

Le tour du monde en 21 jours

Du fait de la violence des éruptions, la bouche des volcans expulse des poussières et des gaz dans l'atmosphère jusqu'à des hauteurs de 15 km et plus. Ils forment alors un fin brouillard auquel des vents forts font faire le tour du monde. Pendant des mois, voire des années, cette brume peut bloquer les rayons du Soleil, les empêchant de réchauffer la Terre, influençant ainsi le climat.

Double page précédente.
Du cratère du Bromo s'élève continuellement un épais nuage de vapeur d'eau (est de Java, Indonésie).

Ci-contre.
Un géant qui fume : la forme conique majestueuse du Kliuchevskoy (4 750 m) en fait l'un des plus beaux du monde, et l'un des plus actifs. Depuis 1982, il est entré violemment en éruption chaque année. La coulée de lave noire que l'on voit sur son flanc provient de la dernière phase éruptive. Comme la lave dégage encore de la chaleur, la neige ne tient pas (Kamtchatka, nord-est de la Sibérie).

Les spécialistes de l'atmosphère décrivent très sobrement le magnifique spectacle coloré qu'offre le ciel par beau temps, le soir après une violente éruption volcanique, dans de vastes régions de la Terre. Le soleil pourpre disparaît à l'horizon, dans la poussière moirée tout d'abord violette, puis jaune et enfin orange ; le ciel rougeoie encore longtemps après que le soleil s'est couché. Ces variations de couleurs s'expliquent, disent-ils, par l'augmentation de la densité optique qui règne dans les couches d'air élevées. La diffraction des rayons de lumière de certaines longueurs d'onde est de ce fait plus forte, et ils diffusent davantage. Le résultat donne des couchers de soleil impressionnants.
De jour, aussi, les modifications des couches d'air supérieures sont visibles, donnant par exemple un cercle brun-rouge autour du soleil. C'est ce que les experts appellent l'anneau de Bishop, d'après le nom du missionnaire Sereno Bishop qui fut le premier à le décrire. Il séjournait à Hawaii lorsqu'il observa ce phénomène, visible sur toute la planète peu après l'éruption du Krakatau en 1883.

Projeté jusqu'à la stratosphère... « en ascenseur » !

Les éruptions volcaniques importantes peuvent augmenter la densité optique des couches d'air supérieures en « injectant » dans l'atmosphère des fines poussières et des gaz (essentiellement de la vapeur d'eau et des gaz sulfureux, mais aussi du gaz carbonique et des composés chlorés et fluorés). Ces particules sont ainsi transportées, comme dans un ascenseur, à grande vitesse. Elles traversent tout d'abord la troposphère, sur les dix à quinze premiers kilomètres, dans laquelle ont lieu les phénomènes météorologiques. Comme une partie de la vapeur d'eau s'y condense, de violents orages accompagnent souvent les grosses éruptions volcaniques. Ce qui n'est pas lessivé ainsi dans la troposphère parvient jusqu'à la stratosphère. C'est une zone froide, sans nuages, toujours ensoleillée, composée d'air raréfié, qui enveloppe la Terre jusqu'à une altitude de 50 km.
Les gaz sulfureux qui se trouvent dans les panaches éruptifs se modifient partiellement lors de leur ascension vers les couches d'air supérieures, et en partie une fois arrivés à destination. Sous l'influence de la lumière du soleil, ils réagissent avec la vapeur d'eau et l'oxygène de l'air, et se transforment en acide sulfurique à 70 % qui demeure longtemps dans la stratosphère, en fines gouttelettes formant une fine brume ou aérosol. La poussière, en revanche, retombe lentement vers la Terre dans les dix à quinze jours qui suivent. Seules les plus petites particules, celles qui ne dépassent pas le micron, c'est-à-dire le millième de millimètre, se lient aux gouttelettes d'acide sulfurique pour former la brume à laquelle les vents forts qui soufflent dans la stratosphère font ensuite faire le tour du monde.

Le voile de brume d'El Chichon

C'est au printemps 1982, à la suite de l'éruption d'El Chichon, dans le sud du Mexique, que l'on a pu étudier la vitesse de déplacement du voile de brume dans la stratosphère. Le volcan se réveillait d'une phase de sommeil qui avait duré plus de six cents ans. Il déchargea alors, avec une violence proportionnelle au nombre d'années de calme, toute l'énergie qu'il avait enfouie en lui. Ses cheminées étaient obstruées par des bouchons de lave refroidie.

Lors de l'explosion qui libéra l'accès des cheminées, les 200 m supérieurs du cône haut de 1 260 m furent soufflés dans les airs. Des nuées ardentes dévalèrent les flancs du volcan, détruisant de nombreux villages et coûtant la vie à 2 000 personnes.

Le panache éruptif qui emportait gaz et poussière vers la stratosphère mesurait 25 km de hauteur. Là, ils furent entraînés par les vents d'ouest et formèrent une large bande, parallèle à l'équateur, qui se mit à faire le tour de la planète à la vitesse de 20 m/s.

Dès le 9 avril, cinq jours après l'éruption, le nuage atteignit Hawaii. Le 16 avril, il était déjà au-dessus du Japon, le 20 au-dessus de la mer Rouge et le 26 il encerclait la planète comme une large ceinture.

D'après les calculs des scientifiques, ces gaz contenaient 7 millions de tonnes de dioxyde de soufre. À titre de comparaison, en 1988, toutes les cheminées d'usine et tous les pots d'échappement des États-Unis crachèrent 20 millions de tonnes de gaz sulfureux dans l'atmosphère.

Les 7 millions de tonnes de dioxyde de soufre qu'El Chichon rejeta dans la stratosphère se transformèrent au cours des mois en 11 tonnes d'acide sulfurique. L'aérosol forma d'abord deux couches dans la stratosphère, une à 17 km, l'autre à 25 km d'altitude. À l'automne 1992, les deux couches s'étaient rejointes entre 20 et 30 km de hauteur en une seule couche de brume qui s'élargissait progressivement en direction des pôles.

Les chercheurs ont appris tout cela grâce à des techniques de mesure mises au point au cours de ces dernières décennies. Ils suivent la migration du voile de brume depuis l'espace à l'aide de satellites dont ils analysent les images. Ils étudient également le nuage depuis le sol avec le système LIDAR (*light*

De somptueux couchers de soleil servirent à l'automne 1992 de décor aux fontaines de lave du Stromboli. Le responsable de la coloration inhabituellement intense du ciel était l'un des « frères » les plus dangereux de ce volcan de l'Italie du sud, le Pinatubo, situé aux Philippines. Avec ses nuages de cendres qui, pendant l'éruption de 1991, transportèrent une grande quantité de poussière dans l'atmosphère, il offrit pratiquement à la Terre entière de superbes ciels rougeoyants le matin et le soir pendant deux ans.

detection and ranging) qui permet une détection à distance, par voie optique, de la composition et de la concentration de différents gaz émis par un panache volcanique. Ce système consiste à envoyer un rayon laser vers le ciel, où il est diffracté dans la couche d'aérosol. La partie du rayon qui est reflétée sur le sol est captée par des instruments de mesure très sensibles. Son intensité et le retard avec lequel il entre à nouveau en contact avec le sol permettent de déterminer l'altitude et l'épaisseur du voile de brume.

Des ballons-sondes transmettent des données sur la température, l'humidité de l'air et la vitesse du vent, tandis que des échantillons d'air sont prélevés par des avions volant à 20 km d'altitude afin d'être analysés.

L'éruption d'El Chichon en 1982 a montré que les explosions volcaniques pouvaient effectivement produire des nuages faisant le tour du monde dans la stratosphère. Ceux-ci ne provoquent cependant pas seulement de superbes couchers de soleil. Ils influencent aussi le climat. Il est toutefois difficile de déterminer l'ampleur de leur action. Il existe en effet de multiples facteurs qui peuvent agir sur le climat. Les petites particules qui sont projetées dans les airs à la suite des gros incendies de forêt et des tempêtes de sable ou bien qui sont rejetées par les cheminées d'usine atteignent elles aussi la stratosphère via des courants ascendants ou des nuages d'altitude et viennent épaissir le voile de brume.

On attribue également une influence aux modifications des caractéristiques orbitales du couple Terre-Soleil ainsi qu'au cycle des taches solaires, pour ne citer que quelques exemples. Les climatologues essaient depuis quelques années de distinguer les effets dus aux volcans de ceux attribuables à d'autres facteurs.

Des vagues de froid dévastatrices

L'homme d'État et physicien américain Benjamin Franklin, qui s'est également fait connaître par l'invention du paratonnerre, avait déjà expliqué, dans la seconde moitié du XVIIIe siècle, qu'il pouvait y avoir un lien entre le climat et les nuages de poussière et de gaz que crachaient les volcans. L'énorme épanchement de lave qui s'écoula de la fissure éruptive du Laki, en Islande, en 1783 pouvait selon lui avoir été à l'origine des vagues de froid des années 1783 et 1784 *(voir p. 81)*.

Une grande quantité de gaz avait en effet été rejetée dans l'atmosphère et flottait comme une brume au-dessus de l'Islande et d'une grande partie de l'Europe septentrionale. Comme l'éruption ne fut marquée par de violentes explosions qu'à ses débuts, on suppose que seulement une petite partie des gaz a été transportée vers les couches d'air supérieures par les nuages de cendres.

D'après quelques scientifiques, une grande quantité de gaz a également pu être emportée lentement dans la stratosphère par les courants de convection se formant au-dessus des champs de lave brûlants. Benjamin Franklin expliquait déjà que la brume, bloquant une partie des rayons de soleil au-dessus de l'Europe, aurait entraîné des hivers inhabituellement rigoureux.

La même année 1783, une deuxième éruption majeure eut lieu, celle du volcan Asama, au Japon.

On sait aujourd'hui qu'elle confirme la théorie du grand homme américain. Toutefois, Benjamin Franklin lui-même ne pouvait que l'ignorer, car l'empire du Japon était, à l'époque, complètement fermé et pratiquement aucune information ne filtrait à l'extérieur.

Signaux de fumée : le Mutnovsky signale par ses fumerolles une activité accrue. Les scientifiques supposent que ce volcan peut (s'il entre en éruption) projeter ses panaches éruptifs à 10 km de hauteur dans l'atmosphère, et ce faisant avoir une influence sur le climat (Kamtchatka, nord-est de la Sibérie).

L'année sans été

L'éruption du Tambora en 1815, qui est considérée comme la plus importante des temps historiques, a de toute évidence eu des incidences massives sur le climat. Située sur l'île indonésienne de Sumbawa, la montagne, qui mesurait initialement 4 000 m, perdit un quart de sa hauteur. Une caldera de 2 km de diamètre s'ouvrit. D'après les estimations des experts, quelque 40 km^3 de cendres, de ponces, de scories et de bombes furent projetés, soit plus du double de la quantité expulsée lors de la grande explosion du Krakatau en 1883. Dix mille personnes périrent dans les nuées ardentes ou le raz de marée qui suivirent. On estime enfin à 80 000 le nombre de personnes qui moururent de faim parce que l'éruption avait anéanti les récoltes.

Des comptes rendus de l'époque attestent de l'influence globale de cette éruption sur le climat. L'année 1816 a été consignée dans les annales comme l'« année sans été ». En Nouvelle-Angleterre, on a enregistré des gelées nocturnes en juin, tandis que tombaient par endroits 5 à 15 cm de neige. On ne put donc engranger qu'une petite quantité de foin, et les plants de maïs gelèrent. Au Canada, le froid fut encore plus sévère. Les petits lacs situés au nord du Saint-Laurent restèrent gelés jusqu'à mi-juillet, et les mauvaises récoltes firent monter les prix en flèche. Comme les céréales avaient gelé et que le foin était peu abondant, les éleveurs abattirent le bétail tôt, et beaucoup perdirent la base de leur subsistance.

La grande fraîcheur de l'été 1816 a également eu de lourdes conséquences dans certains pays d'Europe, en France notamment. Après les campagnes napoléoniennes, les petits paysans et les ouvriers agricoles n'avaient plus aucune réserve pour pallier les mauvaises récoltes de 1816. En outre, la révolution de 1789 avait sonné le déclin de la noblesse, qui, par sa fonction protectrice, était jusque-là chargée de veiller aux besoins des populations rurales. Dans ces conditions, la famine fit un grand nombre de victimes.

Une explication de la disparition des dinosaures

Des études géologiques montrent qu'il a existé dans l'histoire de la Terre des phases au cours desquelles les éruptions volcaniques étaient plus fréquentes et plus violentes qu'aujourd'hui. La période située il y a 65 millions d'années, à la charnière entre le crétacé et le tertiaire, compte parmi celles-ci. L'Inde se déplaçait en direction du continent asiatique, ce qui provoquera un peu plus tard l'apparition de l'Himalaya. Un puissant point chaud se manifesta (il est à l'heure actuelle sous l'île de la Réunion), produisant une énorme quantité de magma *(voir p. 71)* s'épanchant en coulées fluides pour former l'immense plateau basaltique du Deccan, au centre-ouest de l'Inde. De nombreux scientifiques supposent que ces volcans ont envoyé tellement de poussière et de gaz dans l'atmosphère que le ciel devenait de plus en plus opaque.

Pendant une longue période, la lumière solaire parvint en quantité moindre jusqu'à la surface de la Terre, de sorte que les températures chutèrent. Ces conditions furent fatales à plus de la moitié des espèces animales qui vivaient alors, dont les dinosaures, qui s'éteignirent. Des fossiles attestent de ces disparitions massives dans le monde entier. Cette théorie est toutefois fortement contestée. Aujourd'hui, on penche plutôt pour l'hypothèse de l'impact d'une ou plusieurs météorites qui ait engendré une énorme chape de poussière et de suie qui

provoqua le refroidissement de la planète, et donc l'extinction de nombreuses espèces il y a 65 millions d'années.

L'influence du dioxyde de soufre

Ce que l'on sait à l'heure actuelle de façon certaine, c'est que, dans la brume d'aérosols qui se forme dans la stratosphère après une éruption volcanique, ce sont essentiellement les composés soufrés gazeux qui gênent le rayonnement de chaleur solaire. Plus le dioxyde de soufre se transforme en gouttelettes d'acide sulfurique dans les nuages, plus le refroidissement est important. Il est compris entre 0,3 et 1 °C pour chaque éruption majeure. Toutefois, cette action ne dure pas très longtemps. Les gouttelettes d'acide sulfurique s'amalgament en effet progressivement. Lorsqu'elles atteignent un diamètre de plus de 1,4 micron (ou millième de millimètre), elles plongent en direction de la surface de la Terre à la vitesse de 30 m par jour. Dans la troposphère, elles sont éliminées de l'air par les pluies. Il faut environ deux ans pour que les nuages d'aérosols qui apparaissent à la suite d'une éruption volcanique soient totalement éliminés de la stratosphère. C'est pourquoi ils ne peuvent contrecarrer efficacement l'effet de serre croissant produit par l'activité humaine, qui menace d'avoir de lourdes répercussions sur la planète. C'est ce que nous allons voir maintenant.

Des effets réchauffants

Les éruptions volcaniques importantes, qui rejettent beaucoup de composés soufrés dans l'air, peuvent donc faire chuter les températures à la surface de la Terre. Cependant, les volcans produisent, et ce même pendant les périodes de sommeil, une certaine

Un voile spectral : c'est en 1984 que la lave noire a jailli de la faille du Leirhnjukur, dans le nord de l'Islande, sous forme de magma incandescent.

Aujourd'hui encore, la chaleur qui se dégage est si élevée que l'eau de pluie qui tombe sur la roche est immédiatement vaporisée.

quantité de dioxyde de carbone, c'est-à-dire le gaz qui, avec d'autres substances de l'air, est le principal responsable de l'effet de serre. Les volcans contribuent-ils donc par exemple à la fonte des calottes polaires, à la montée du niveau des mers et à la modification des zones de végétation ?

Dans une certaine mesure, l'effet de serre est indispensable à la vie. C'est grâce à lui que les températures sont agréables sur le globe terrestre. Si le gaz carbonique (ainsi que d'autres gaz) ne piégeait pas, comme le verre d'une serre, le rayonnement thermique du Soleil qui se réfléchit à la surface de la Terre, le refroidissement qui s'ensuivrait mettrait la vie en danger.

D'après les spécialistes, la teneur de l'atmosphère en gaz carbonique n'a cessé de fluctuer au cours de l'histoire de la Terre. Mais depuis le début de l'industrialisation, elle est en augmentation constante. Cela fait 160 000 ans qu'elle n'avait pas atteint le niveau actuel. Cet « excès » peut avoir de lourdes conséquences, comme l'élévation du niveau des mers, qui provoque à son tour des inondations dévastatrices dans de nombreuses régions côtières, et un décalage des zones de végétation.

Les volcans constituent la plus grosse source naturelle de gaz carbonique. L'Etna, par exemple, en rejette annuellement dans l'air 25 millions de tonnes dans ses nuages de vapeur. Avec le Nyiragongo, en Afrique centrale, l'Aso et le Sakurajima, au Japon, le Langila et le Manam, en Papouasie-Nouvelle-Guinée, et le mont Erebus, en Antarctique, il compte parmi les volcans qui produisent le plus de gaz carbonique dans le monde. Normalement, les volcans actifs en rejettent environ 1 million de tonnes dans l'atmosphère chaque année. Compte tenu des 500 volcans en activité dans les temps historiques, la quantité totale expulsée devrait avoisiner les 500 millions de tonnes pour toute cette période. En comparaison avec les 20 milliards de tonnes de gaz carbonique que les hommes rejettent chaque année dans l'air à cause de leurs activités, cela reste pour les climatologues une « quantité négligeable ».

Et une attaque de la couche d'ozone ?

On ne sait pas encore exactement dans quelle mesure les panaches éruptifs qui atteignent la stratosphère contribuent eux aussi à endommager la couche d'ozone. Cette dernière, qui protège la vie sur la Terre des effets nocifs d'un rayonnement ultraviolet excessif, traverse la stratosphère à quelque 25 km de hauteur. Les gaz chloro-fluoro-carbonés, ou CFC, produits par l'homme et qui, par centaines de milliers de tonnes, circulent dans les installations de réfrigération, permettent de fabriquer des mousses de matière plastique ou d'expulser des laques de leur vaporisateur, ont attaqué cette couche, notamment au-dessus des pôles. Le principal responsable est le chlore qui est libéré dans la stratosphère par les CFC au cours de réactions chimiques complexes.

Les volcans aussi produisent des composés chlorés. Les scientifiques ne savent pas encore quelle quantité parvient jusqu'à la couche d'ozone et dans quelle mesure ils l'endommagent. Ils supposent cependant que les gouttelettes d'acide sulfurique qui se forment à partir des gaz rejetés par les volcans interviennent dans les réactions en chaîne qui nuisent à la couche d'ozone et participent donc à sa destruction. C'est probablement pour cette raison qu'après l'éruption du Pinatubo en 1991 la couche qui filtre les UV était si fortement amincie.

Les volcans, dispensateurs de vie

Les volcans ne sont pas seulement synonymes de mort et de destruction. Ils apportent aussi la vie, et ce de diverses façons. Aux origines de la Terre, ils ont ainsi contribué à l'apparition des mers et de l'atmosphère. Par ailleurs, des bactéries et des algues particulières se nourrissent et se multiplient uniquement dans les boues et les vapeurs volcaniques chaudes et malodorantes. Enfin, la lave refroidie érodée donne un sol très fertile.

Double page précédente. *Les fougères ont été les premières plantes à s'enraciner dans la roche basaltique du Kilauea (Big Island, Hawaii).*

Ci-contre. *Au feu ! Les coulées de lave détruisent la végétation. Cependant, elles amenèrent aussi en surface des sels minéraux provenant de l'intérieur de la Terre indispensables à la croissance des plantes (Etna, Sicile).*

C'est là où aucune autre forme de vie ne résisterait, dans la boue malodorante et bouillonnante des volcans, qu'ils se sentent le mieux. Le *Pyrococcus furiosus* (ou la « balle de feu furieuse »), l'*Acidianus infernus* (ou le « Janus acide infernal ») et leurs nombreux parents sont des bactéries primitives appelées « archéobactéries », qui rappellent beaucoup les premiers organismes vivants de la planète. Non seulement ces minuscules êtres adorent la chaleur, mais ils ont également une drôle de façon de se nourrir. Les gaz sulfureux que crachent les volcans, toxiques pour l'homme, constituent leur élixir de vie. L'oxygène, en revanche, est pour la plupart de ces bactéries un pur poison.

Les quartiers de noblesse de ces étonnants petits organismes remontent aux débuts de notre planète, il y a plus de 4 milliards d'années, lorsqu'il n'y avait pas encore d'oxygène dans l'air, et quand la luminosité était fort différente d'aujourd'hui. La Terre s'était alors formée dans l'univers à partir de poussières d'étoiles compactées. Des mers de roche en fusion en couvraient au départ la surface, où flottaient des fragments de croûte refroidie qui étaient en un point avalés par le magma, pour réapparaître ailleurs, plus tard. Les lacs de lave que l'on peut observer aujourd'hui à Hawaii ou dans le Rift africain nous donnent seulement une vision approximative des phénomènes qui devaient se dérouler autrefois à une bien plus grande échelle sur la Terre primitive.

Les dévoreurs de soufre des origines

Lorsque, après des centaines de millions d'années, la température est passée de plus de 1 000 °C à moins de 100 °C et qu'une fine croûte dure s'est formée tout autour de la

planète, la vapeur des volcans primordiaux, qui étaient alors bien plus nombreux qu'aujourd'hui, se condensa. L'eau remplit peu à peu les océans, et l'atmosphère – dans laquelle de multiples formes de vie se développèrent par la suite – apparut.

De l'avis des scientifiques, les dévoreurs de soufre que sont les archéobactéries existaient déjà à cette époque. Ce n'est qu'à la fin des années 70 que l'on découvrit dans les sources chaudes des régions volcaniques actuelles ces micro-organismes qui dépassent rarement quelques millièmes de millimètre. Les chercheurs les étudient depuis afin de comprendre leur mode de protection contre la chaleur. Tout autre organisme vivant meurt en quelques secondes lorsqu'il est soumis à des températures dépassant les 100 °C. En effet, l'albumine, une composante essentielle des cellules, coagule à cette température et devient aussi compacte que dans un œuf dur.

Ce n'est pas le cas pour le *Pyrodictium occultum*, dont le nom latin signifie à peu près « réseau de feu caché ». Ce micro-organisme tire son nom de son apparence : au microscope, les bactéries apparaissent en effet comme de petits disques plats portant de longs fils par lesquels elles sont rattachées les unes aux autres. C'est sur l'île Vulcano, au sud de l'Italie, que l'on a découvert le *Pyrodictium occultum* dans les sources chaudes qui jaillissent en mer dans le lieu dit « Champ mort », à proximité du rivage, au pied du volcan.

Bien que la température dépasse souvent les 100 °C à la source, l'eau brûlante ne peut ni bouillir ni s'évaporer. En effet, une colonne d'eau de 3 m de hauteur exerce une pression suffisante pour maintenir l'eau chaude à l'état liquide. C'est là que vit *Pyrodictium occultum*. C'est à 105 °C, température idéale pour sa reproduction, qu'il est le plus actif. Il double alors de volume toutes les deux heures environ. À 80 °C, il tombe déjà dans une sorte de léthargie provoquée par le froid ; la bactérie cesse de se développer…

Qu'est-ce donc qui différencie ces bactéries exotiques, résistantes à la chaleur, des « vraies » bactéries de notre environnement, qui meurent à ces températures? La question reste aujourd'hui encore sans réponse. Les experts non plus ne savent pas ce qui rend en quelque sorte « résistants à la cuisson » les constituants des substances indispensables à la vie, c'est-à-dire des protéines et des acides nucléiques, qui sont responsables de la transmission et de l'expression des caractères génétiques. Quoi qu'il en soit, ces éléments sont conçus de telle façon qu'ils fonctionnent seulement à des températures très élevées. Ces bactéries produisent constamment de nouvelles protéines ; elles contrecarrent ainsi immédiatement les dégâts provoqués par la chaleur.

La science n'est d'ailleurs pas la seule à s'intéresser à la question : l'industrie aussi se penche sur le problème. Citons juste un exemple : lorsque vous faites la lessive avec un détergent biologique, vous utilisez des substances qui contiennent des enzymes issues d'organismes vivants comme les bactéries.

À haute température, la lessive perd donc rapidement de son efficacité. En effet, les enzymes des bactéries habituelles ne supportent pas la chaleur et sont alors détruites. Si l'on introduisait des enzymes issues d'archéobactéries, résistantes à la chaleur, dans le détergent, on pourrait faire bouillir la lessive sans nuire à l'action de lessivage. Cela permettrait par exemple d'éliminer de façon certaine les germes susceptibles de provoquer des maladies.

Les vigoureuses plantes du genre Gunnera, qui ressemble à la rhubarbe, poussent à côté des lichens gris et de quelques herbacées dans le cratère de l'Irazu (3 432 m). Les cendres du plus gros volcan du sud de l'Amérique centrale leur offrent un terrain bien fertile. Le lac vert qui occupe la gueule du volcan disparaît tous les deux ou trois ans puis réapparaît soudain. C'est là un signe incontestable que l'Irazu ne fait que sommeiller et peut se réveiller à tout moment. Il a d'ailleurs projeté des nuages de gaz et de cendres dans le ciel en 1977.

Passés maîtres dans l'art de la survie, les lichens traversent la lave refroidie de l'île volcanique de Lanzarote. Ce sont non seulement les premières plantes, mais aussi souvent, en raison de la grande sécheresse, les seules qui poussent sur les îles Canaries.

Les étranges habitants des fonds marins

Moins résistantes à la chaleur, mais tout aussi excentriques quant à leur alimentation, certaines bactéries rendent possible l'existence d'extraordinaires communautés animales sous-marines qui vivent sur les dorsales médio-océaniques, à des milliers de mètres de profondeur.

C'est en 1977 que l'on découvrit pour la première fois la présence de ces écosystèmes uniques, au cours d'une expédition du submersible *Alvin* sur la dorsale d'accrétion, ou rift, des Galapagos, à côté de l'archipel éponyme. Les scientifiques se croyaient presque dans un film de science-fiction lorsqu'ils rencontrèrent soudain, à plus de 2 500 m de profondeur, dans un désert sous-marin totalement plongé dans l'obscurité, des touffes de vers (*Tubificidae*) de 5 cm de diamètre et de 3 m de longueur, qui ondulaient au fil du courant. Ils découvrirent également à proximité, tapis dans les fissures des roches volcaniques noires, des coquillages géants dont la taille dépassait 30 cm de longueur.

On a par la suite détecté la présence de ces communautés exotiques dans bien d'autres régions des dorsales médio-océaniques. Outre les vers et les coquillages géants, les chercheurs ont trouvé des polypiers, des gastéropodes et des anémones de mer, ainsi que des crustacés. Toutefois, ces animaux ne colonisent les zones de rift sous-marin qu'aux endroits où l'eau de mer, ayant circulé profondément dans les failles, ressort à haute température. Elle atteint alors jusqu'à 360 °C, se charge d'hydrogène sulfuré et de composés métalliques, et jaillit de cheminées ressemblant à des termitières sous la forme de panaches blancs ou noirs suivant sa composition. Ces formations prennent le nom de « fumeurs noirs » ou de « fumeurs blancs » suivant la couleur des volutes qu'ils crachent *(voir p. 149 « Des usines à minerais dans les grands fonds »)*.

Le premier maillon de la chaîne alimentaire de ces créatures étranges des fonds sous-marins sont donc les bactéries. En effet, la lumière du Soleil ne parvient pas jusque-là. Or, à la surface de la Terre, c'est elle qui est à la base de toute forme de vie. Ainsi, à l'aide de la chlorophylle, les plantes transforment une partie de la lumière du Soleil en énergie qui leur permet, selon le principe de la photosynthèse, de transformer à leur tour l'eau et le gaz carbonique en sucre et en amidon. Les animaux comme les hommes tirent ensuite leur alimentation des végétaux.

Près des sources thermales sous-marines, les bactéries se livrent en revanche non pas à la photosynthèse, mais à la « chimiosynthèse ». Faute de lumière solaire, elles obtiennent en effet l'énergie dont elles ont besoin de la transformation chimique des composés sul-

Autour des volcans indonésiens, la végétation est luxuriante. Sous le climat tropical humide, les cendres et la roche volcanique s'érodent en très peu de temps et sont rapidement couvertes d'un épais tapis végétal (mont Semeru, est de Java, Indonésie).

furés ou du méthane qui jaillissent dans les sources thermales des fonds marins. Les micro-organismes qui se nourrissent ainsi forment d'épais tapis blancs qui couvrent les fonds océaniques à proximité des évents d'eau chaude. Les crevettes et les gastéropodes les broutent. Ces animaux s'approchent si près des zones d'eau chaude que leurs antennes et leurs pattes rougissent du fait de la chaleur. Les mieux pourvus sont cependant les vers et les coquillages géants. En effet, les bactéries nichent dans leurs tissus, ce qui leur assure une transmission ultra-rapide des aliments.

Des tapis multicolores

Revenons à la surface de la Terre. Il existe aussi parmi les algues des fanatiques de la chaleur. Comme quelques-unes des bactéries primitives qui aiment la lumière, elles donnent souvent des couleurs vives aux sols réchauffés situés à proximité des sources volcaniques, de vert foncé à jaune en passant par le vert clair, mais aussi rouge, roux ou noir violacé. Les petites créatures qui aiment bien avoir chaud, comme les gastéropodes ou les vers, nichent sur ces coussinets douillets. En Islande ou dans le parc du Yellowstone, par exemple, il existe une

Ci-dessus.
Les lichens trouvent également un support nutritif sur des troncs d'arbres carbonisés dans les champs de cendres du Kilauea, à Hawaii.

Ci-contre.
D'épais coussinets de Montia bravent le dur climat de l'Islande sur un champ de lapilli.

Ces coussins de mousse moelleux ne couvrent le sol nu de la faille du Leirhnjukur dans le nord de l'Islande, qu'aux endroits où la vapeur d'eau qui s'échappe du ventre de la Terre leur apporte la chaleur et l'humidité indispensables à leur survie.

espèce de mouche d'eau salée dont les larves se développent dans une eau pouvant atteindre 50 °C. Avec 10 °C en moins, de nombreuses espèces de chironomidae (des moustiques qui ne piquent pas) abandonnent leurs œufs dans cette eau volcanique.

La fertilité de la roche volcanique

De même, dans les paysages désertiques que laissent les volcans après une grosse éruption, la vie peut de nouveau se développer. Dès que les matériaux projetés par le volcan s'érodent, ils libèrent des matières nutritives essentielles à la vie des végétaux. Il s'agit notamment de phosphates, de sel de potassium, de calcium, de magnésium mais aussi de soufre. Les fines cendres de plusieurs centimètres d'épaisseur qui, après une éruption volcanique, recouvrent le paysage comme une couche de neige augmentent la fertilité du sol comme un engrais *(voir p. 140)*. Une couche de cendres trop épaisse peut en revanche rendre toute forme de vie impossible. Si les particules de cendre sont encore trop chaudes lorsqu'elles touchent le sol, elles brûlent les plantes, les petites créatures qui vivent dans la terre et tous les animaux qui ne peuvent s'enfuir à temps. Il faut ensuite attendre longtemps pour que la vie recolonise les lieux.

La vitesse à laquelle les couches supérieures de la pierre volcanique fissurée, aux arêtes vives, se transforment en sol fertile dépend d'une part de la pluie et d'autre part de la température. Là où il fait chaud et humide, à Hawaii par exemple, les petites fougères et autres végétaux réinvestissent les crevasses de la roche nue quelques mois seulement après l'éruption. Dans les régions tropicales, la roche noire est généralement couverte d'herbe, de buissons et d'arbres au bout de cinquante ans seulement. Dans les zones chaudes et arides comme l'île de Lanzarote, en revanche, aucun brin d'herbe ne pousse sur la lave solidifiée des centaines d'années encore après l'éruption.

Même sous un climat méditerranéen plus humide, les plantes mettent quelques décennies à réapparaître. Ce n'est par exemple que quarante-sept ans après que la coulée de lave de l'éruption du Vésuve de 1944 s'est peu à peu couverte de lichens gris. Puis suivirent mousses et herbacées. Les graminées furent les premières plantes à fleurs à s'enraciner dans la fine couche d'humus. Les touffes de genêts aux jolies fleurs jaunes comptent également parmi les premiers colonisateurs.

Dans les régions septentrionales aux conditions climatiques rigoureuses, en Islande par exemple, le contexte est encore plus difficile. Les déserts de cendre y restent longtemps nus. Pourtant, sur les sols humides et chauds des environs des sources thermales, les mousses peuvent devenir luxuriantes.

On étudie depuis des années sur les îles Krakatau, en Indonésie, et Surtsey, en Islande, au bout de combien de temps la vie réapparaît sur la cendre et la lave, qui sont tout d'abord mortes, stériles. Sur l'île du nord de l'Europe, il fait trop froid pour que la vie ait pu se remettre à prospérer depuis la dernière éruption, en 1967.

Le retrour à la vie sur le Krakatau et le mont Saint Helens

Sur l'île tropicale de Krakatau, en revanche, il n'a fallu attendre que quelques années après l'émergence de l'île en 1930 pour qu'animaux et végétaux investissent les lieux. L'éruption de 1952 a certes détruit entièrement la jeune végétation et tout ce qui vivait là. Mais la nature est têtue. Elle s'est depuis rapidement réapproprié le littoral. Sur les flancs du volcan cependant, sur lesquels pleuvent les cendres des petites éruptions fréquentes du Krakatau, aucune plante n'a encore pu s'implanter. Les biologistes ont repéré sur l'archipel du Krakatau vingt-deux des trente-six espèces d'oiseaux qui vivent à Java et à Sumatra. Ils se réfugient dans les *casuarinas* (filaos), qui ressemblent un peu à des pins, et dans les touffes d'alang-alang qui forment d'épais coussinets sur les cendres. Outre de nombreux insectes, on trouve également sur ces îles neuf espèces de reptiles. Les crabes sillonnent la plage et les tortues de mer y pondent leurs œufs.

Nous disposons de résultats encore plus précis en ce qui concerne les environs du mont Saint Helens. Pendant une période de dix ans après l'explosion gigantesque qui s'y produisit en 1980, la région fit l'objet de recherches intensives. Zoologistes, botanistes, écologistes et microbiologistes la sillonnèrent par équipes. Ils constatèrent que les plantes n'étaient pas nécessairement les premiers organismes à coloniser la lave solidifiée. Dans les champs de ponce laissés par les coulées de lave par exemple, ils trouvèrent d'abord des insectes, notamment des prédateurs et des charognards. Ils avaient été amenés par le vent. La première espèce végétale qui colonisa la roche fut une variété de lupin endémique. Le lupin n'est pas une plante très exigeante en matière de sol, car elle se nourrit des bactéries de tubercules qui se trouvent dans ses racines. Sur son feuillage s'installèrent bientôt des poux, rapidement suivis, sur le pied, par leurs ennemis jurés, les coccinelles. Lorsque les premiers lupins moururent, ils laissèrent derrière eux une fine couche d'humus sur laquelle de nouvelles graines purent germer. C'est ainsi que le tapis végétal s'est peu à peu reconstitué.

Risques et profits

Avec leurs vapeurs, les volcans produisent du soufre. Là où ils s'enracinent dans les profondeurs de la Terre, ils abritent divers minerais, parfois de l'argent et de l'or. Dans quelques cheminées se cachent même des diamants. La chaleur qu'ils dégagent est une source d'énergie exploitée. La lave sert de matériau de construction. Une agriculture rentable est pratiquée sur les sols volcaniques. C'est pour ces raisons qu'un grand nombre de personnes prennent le risque de tout perdre dans le cas d'une éruption.

Double page précédente.
Doublement utile : dans la centrale géothermique de Svartsengi, l'eau chaude provenant du sol volcanique de l'Islande donne en premier lieu de l'énergie thermique. Puis, à une température de 50 °C environ, elle va se jeter dans la « lagune bleue ». Là, elle ne se contente pas de procurer du plaisir aux baigneurs. Elle permet également de soulager les personnes qui souffrent de psoriasis.

Ci-contre.
À Java, ces hommes vont marcher pendant des heures pour apporter les 80 kg de soufre à l'usine de traitement où ils seront purifiés et commercialisés. Ces blocs jaunes ont été prélevés sur le rivage du lac acide de couleur turquoise qui occupe le cratère du Kawah Idjen.

Les riziculteurs de Java et de Bali appellent leurs arnis (buffles d'eau) *karbau*. Depuis des siècles, ces colosses massifs et peu exigeants sont les principales « machines » agricoles utilisées dans les rizières des îles indonésiennes. Les bêtes tirent lentement la charrue en bois que le paysan pousse dans la terre noire et boueuse. Labourer est un travail d'homme. Les femmes se chargent de planter le riz. Le sarong retroussé, elles travaillent pendant des heures avec de l'eau jusqu'aux genoux. Courbées, elles plantent une pousse de riz après l'autre dans ce marécage trouble. Un chapeau de paille conique protège leur tête du soleil intense.

Ce travail pénible n'est pas vain. Les paysans javanais et balinais engrangent jusqu'à trois récoltes de riz par an. Cela leur permet de couvrir leurs besoins alimentaires propres mais aussi d'exporter des milliers de tonnes de riz. Ils cultivent également du café, du manioc, du maïs, des arachides, du soja, des bananes et une multitude d'autres fruits et légumes. Outre le climat tropical humide, ce sont les nombreux volcans qui jalonnent l'axe longitudinal des îles indonesiennes qui rendent Java si fertile.

Les coulées de lave et les cendres qui depuis des millions d'années sortent de leurs cheminées donnent en s'érodant des sols riches en matières nutritives. À chaque éruption, les volcans couvrent leurs environs d'une couche de cendres fraîches. Les vents et l'eau dispersent largement la fine poussière volcanique. Lorsque les minuscules particules se décomposent, elles libèrent des phosphates et des sels de potassium, qui enrichissent continuellement le sol. Grâce au climat tropical, la région jouit par ailleurs de températures constantes. Les nuages de pluie s'accrochent aux sommets des volcans, qui atteignent parfois 3 000 m d'altitude. Les sols reçoivent ainsi tout ce dont ils ont besoin pour une agriculture productive : suffisamment de chaleur et d'humidité et un apport continu en sels minéraux favorisant la croissance des végétaux. Ils sont en outre meubles, bien aérés et faciles à travailler. L'exploitation de ces terres assure aux paysans un niveau de vie tout à fait confortable. Il n'est donc pas étonnant que l'une des régions les plus volcaniques du monde, et donc les plus dangereuses, soit aussi l'une des plus peuplées. La densité de population atteint en moyenne 735 hab./km² à Java, soit plus de sept fois plus qu'en France.

Avec un appareil antédiluvien, ces scientifiques prélèvent dans les vapeurs des champs de fumerolles du volcan Mutnovski, au Kamtchatka, les plus purs échantillons d'« or jaune », pour les étudier en laboratoire.

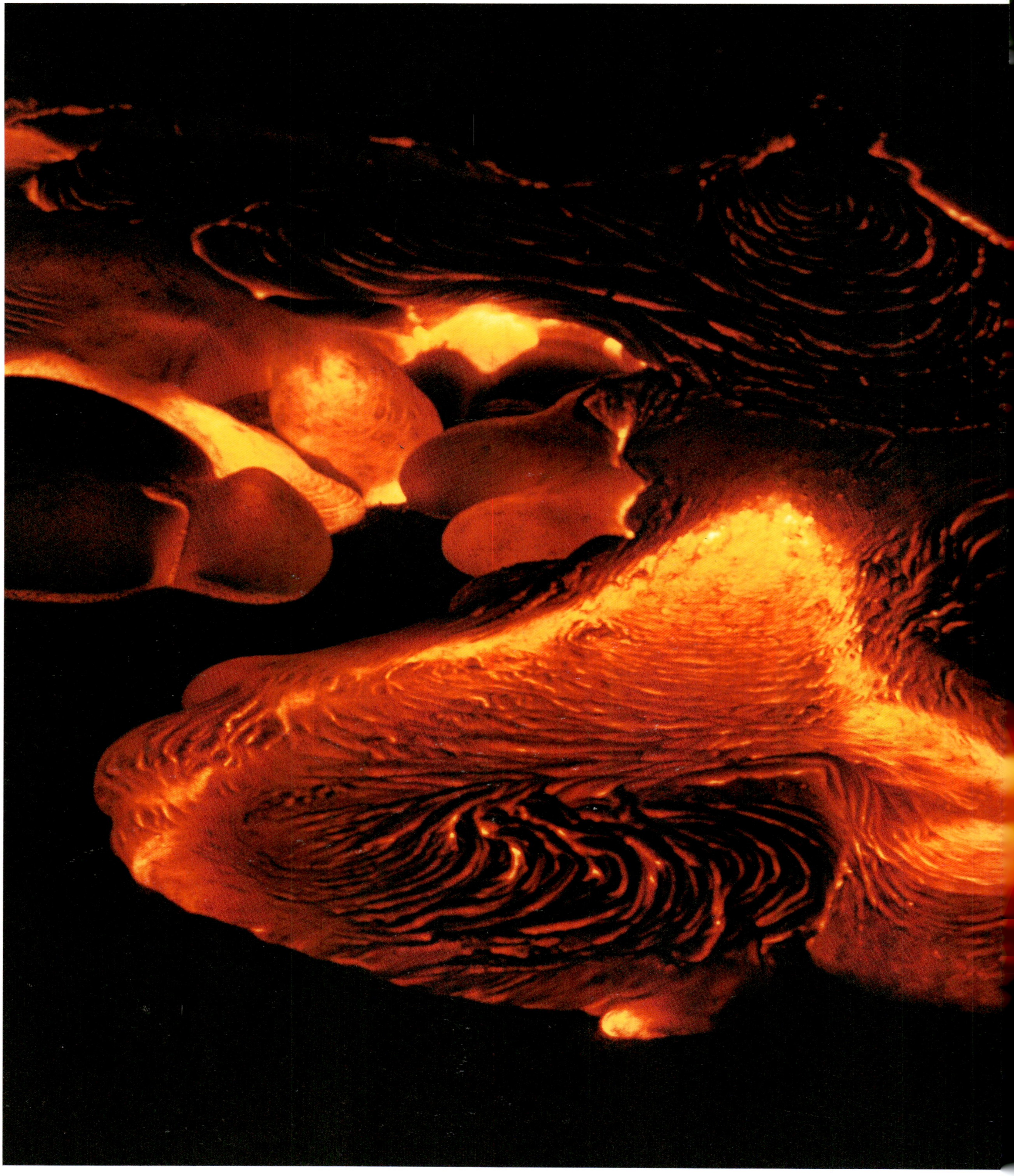

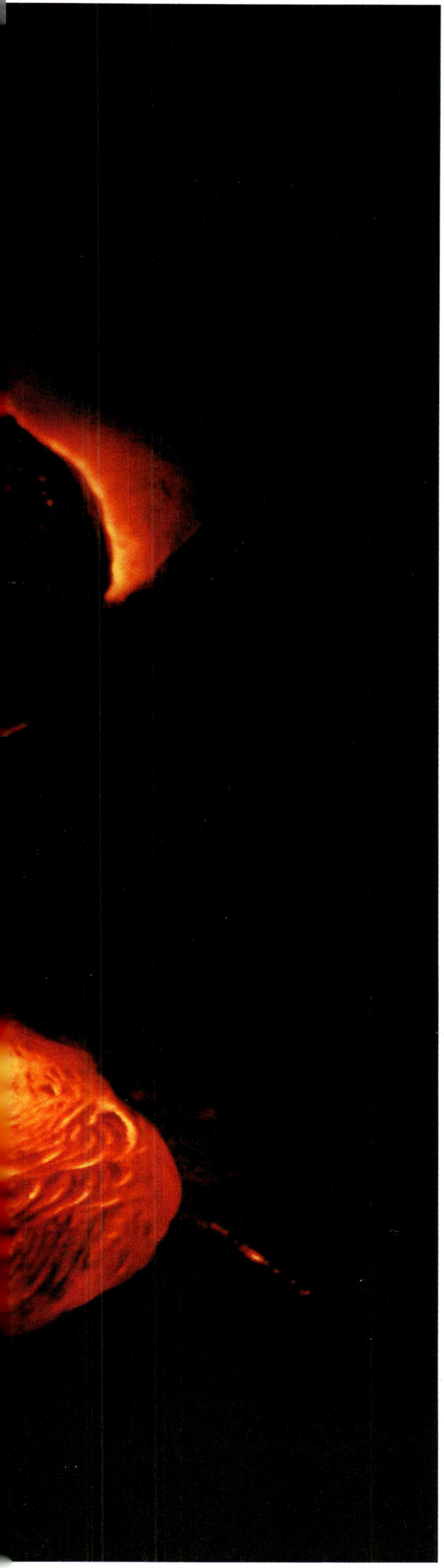

Formations incandescentes de lave pahoehoe (Kilauea, Big Island, Hawaii).

Les esclaves du soufre

Au pied du gros massif volcanique dans l'est de Java, on cultive la canne à sucre, qui est ensuite traitée dans les raffineries de la région. La production des petits grains de sucre comporte des processus de purification qui nécessitent l'utilisation d'acide sulfurique. Les habitants de la partie orientale de l'île se procurent le soufre, la matière première qui permet d'obtenir cet acide, sur l'un de leurs volcans. Le cratère, situé à 2 386 m d'altitude, s'appelle le Kawah Idjen. C'est lui qui rejette les gaz qui déposent la précieuse matière jaune vif, d'une grande pureté et en quantités exploitables. C'est seulement à la fin du XVIIIe siècle que ce volcan a été découvert. Depuis, le Kawah Idjen est entré cinq fois en éruption. Il ne s'agit donc pas d'une montagne sans danger.

De très rudes conditions de travail

Un sentier à la pente très raide par endroits serpente dans l'épaisse forêt tropicale qui borde les flancs du cratère. Tôt le matin, le ciel est encore clair, et on jouit d'une vue dégagée sur le lac aux reflets verts qui a envahi la gueule du volcan. Un chemin rocailleux très abrupt conduit, 250 m plus bas, sur le rivage du lac, à l'endroit où les vapeurs denses des fumerolles s'échappent des fissures, atteignant jusqu'à 300 °C. Le soufre se condense en refroidissant, donnant un liquide roux orangé qui se solidifie pour former une croûte jaune. Un important stock de soufre s'est ainsi constitué au fil du temps, et il continue d'augmenter au rythme de 10 tonnes par jour environ. Le précieux élément est extrait avec des moyens primitifs et dans des conditions inhumaines.
Les prospecteurs n'ont qu'un mouchoir humide pour se protéger la bouche des vapeurs irritantes qui, sans vent, leur brûlent les yeux et leur coupent la respiration. Ils posent alors leurs pinces et attendent, le linge humide appuyé contre le visage, qu'un coup de vent fasse circuler les nuages corrosifs. Ils sont une trentaine à casser des fragments de roche jaune. Ils risquent leur vie car des projections de gaz toxiques tout à fait imprévisibles peuvent jaillir du lac à tout moment. En 1989, 25 ouvriers périrent dans une catastrophe de ce type.
Ce sont au total jusqu'à 200 porteurs qui travaillent sur le Kawah Idjen. Ils collectent les fragments de soufre que les prospecteurs ont cassés et les entassent dans des paniers. Ils en prennent chacun deux qu'ils accrochent aux extrémités d'une tige de bambou ou d'un bâton. Les hommes portent ce fardeau, qui pèse de 60 à 70 kg, pendant des heures, généralement sur leurs épaules nues, pour l'acheminer jusqu'aux usines situées au pied du massif volcanique.
Au début, la progression est très lente. Les porteurs gravissent péniblement les 250 m qui remontent vers le bord du cratère. Le bâton et les paniers craquent à chaque pas. Les porteurs s'arrêtent toutes les dix minutes et restent quelques instants haletants, penchés sous leur lourde charge. La sueur ruisselle sur leur visage, leur gorge et sur les épais bourrelets qui se sont formés sur leurs épaules après des années de portage.
Une fois parvenus au sommet du cratère, les porteurs adoptent un rythme plus soutenu. Pour équilibrer de façon optimale le poids de leur charge, ils avancent en se déhanchant de façon étonnante. Ce sont les lourds paniers qui, en grinçant et en se balançant à l'extrémité du bâton, donnent le rythme. C'est ainsi qu'ils progressent sur le chemin qui descend le long des flancs de la montagne, un chemin particulièrement

Double page précédente. Une caravane de dromadaires passe entre les montagnes volcaniques de l'île de Lanzarote au petit matin, pour amener des touristes à l'entrée du parc national de Timanfaya.

humide et glissant le matin. Arrivés à l'usine de soufre, les paniers sont pesés et les ouvriers payés en fonction de la charge apportée. Les porteurs gagnent en moyenne 17 francs par jour. Cette modique somme est relativement importante si on la compare avec les autres salaires pratiqués en Indonésie.

Avant d'être commercialisé, le soufre est purifié, c'est-à-dire refondu, puis filtré et refroidi. Une petite partie seulement va à la raffinerie de sucre voisine. Ce sont les autres secteurs industriels, de la vulcanisation du caoutchouc à la fabrication de colorants en passant par la pharmacie, qui utilisent la majeure partie du soufre ainsi obtenu.

On a également extrait du soufre pendant des siècles des volcans islandais et italiens, et pour toutes sortes d'usages. Aujourd'hui, dans bon nombre de régions du globe, il est néanmoins plus rentable d'extraire le précieux élément de roches sulfureuses d'origine non volcanique (mais sédimentaire), par un procédé industriel d'extraction du soufre sédimentaire par voie liquide (procécé Frasch).

Les autres richesses des fumerolles

Des fumerolles déposent, outre le soufre, d'autres substances intéressantes pour l'industrie chimique. C'est le cas de l'acide borique, d'où l'on extrait le borax, de l'alunite, d'où l'on tire l'alun, et du sel ammoniac, à l'odeur piquante. Dès l'Antiquité, les Romains extrayaient des exhalaisons du cratère de la Fossa, sur l'île de Vulcano, en Italie du Sud, l'alun – qu'ils utilisaient pour tanner les peaux. À la fin du XIXe siècle, on y exploitait encore les précipités des vapeurs brûlantes. La production annuelle s'élevait à 240 tonnes de soufre, 20 tonnes de sel ammoniac et 8 tonnes d'acide borique. Ce sont essentiellement des prisonniers qui travaillaient dans ces vapeurs irritantes.

Les volcans permettent à des ceps de vigne et à des figuiers de pousser sur une île aussi peu arrosée que Lanzarote : les lapilli, ces petits cailloux poreux que les volcans des Canaries ont recrachés à la surface du terrain, absorbent l'humidité de la nuit et la restituent aux racines des plantes le jour. De plus, les petits murets circulaires bas constitués de blocs de lave et les cuvettes en forme de petits cratères protègent chaque plant du vent chaud.

La richesse du magma

Les vieux volcans éteints depuis longtemps abritent des minerais dans les profondeurs de la croûte terrestre. Les minéraux qui contiennent du fer, du zinc, du cuivre, du plomb, de l'étain, du tungstène, du molybdène, voire de l'or et de l'argent, sont parfois présents à l'état de traces seulement, mais parfois aussi en quantités exploitables, dans les veines, filons ou imprégnations dans la roche, au-dessus des anciennes chambres magmatiques.

Pour expliquer comment les minerais sont parvenus jusque-là, les géologues comparent les chambres magmatiques situées sous les volcans à des alambics gigantesques. Le magma y bouillonne. Les fluides brûlants qui contiennent des composés métalliques pénètrent alors dans le « toit » de la chambre magmatique, où ils circulent à travers les failles, fissures et pores de la roche. Ils réagissent au contact de la roche solide, en retirent des minéraux et les transportent avec eux. Ils se mélangent également parfois à l'eau qui s'infiltre depuis la surface jusqu'aux « racines » des volcans.

Lorsque ces mélanges très chauds rencontrent les bonnes conditions chimiques et la pression et la température qui conviennent, ils abandonnent leur charge, y compris les composés métalliques.

C'est pourquoi les vieux volcans aussi inspirent les géologues pour la recherche de minerais. Les mines d'or, d'argent et de cuivre des chaînes de montagnes des États-Unis et de la cordillère des Andes doivent elles aussi leurs trésors aux fluides bouillonnants des anciennes chambres magmatiques.

Page de gauche.
Les tremblements de terre qui secouent souvent les régions volcaniques ont eu raison de cet édifice : l'ancienne cathédrale de la ville de Cartago, au pied du volcan Irazu, au Costa Rica, n'a pas pu résister à la secousse de 1910.

C'est avec des blocs de lave que l'architecte et artiste César Manrique a réalisé ses constructions sur l'île de Lanzarote, afin qu'elles s'harmonisent avec le paysage.

Des usines à minerais dans les grands fonds

Les sources thermales qui jaillissent des dorsales médio-océaniques, à quelque 2 000 m de profondeur, déposent elles aussi des minerais. Les géologues l'ont découvert alors qu'ils étudiaient, en submersible, les conditions de vie du monde animal unique qui habite ces profondeurs sous-marines *(voir p. 132)*. Ce faisant, ils ont également prélevé des échantillons rocheux sur les « fumeurs blancs » et « noirs », ces formations ressemblant à des cheminées d'usine d'où jaillit l'eau chaude et autour desquels se sont installés des annélides, des coquillages et des bancs de crevettes géants. Une analyse a indiqué que les parois des « fumeurs » consistaient essentiellement en sulfures de fer, de zinc et de cuivre.
On connaît depuis la raison de leur formation : l'eau de mer pénètre par les failles et fissures dans le sous-sol des dorsales volcaniques médio-océaniques, elle y est réchauffée et y réagit avec la roche environnante. Sa composition chimique est modifiée et son degré d'acidité augmente. Cela produit un fluide très agressif qui absorbe de petites quantités des métaux présents dans la roche (fer, zinc, cuivre, mais parfois aussi de l'or) et les transporte avec lui. Comme les sources thermales situées à la surface de la Terre, ce mélange réchauffé et minéralisé est propulsé vers le haut. Dès qu'il sourd et qu'il entre en contact avec l'eau froide de l'océan, les composés métalliques se déposent, formant autour des évents les fameuses cheminées ou des croûtes épaisses.
On connaît à l'heure actuelle dans le monde plus de cent de ces « usines à minerais sous-marines ». D'après les estimations des géologues, plusieurs kilogrammes de minerais se déposent chaque seconde dans certains de ces évents. Du fait des difficultés techniques importantes que posent les grands fonds, une exploitation industrielle n'est toutefois pas envisageable.
Les diamants que l'on trouve en Afrique du Sud, en Tanzanie, dans la région du Congo et en Sibérie sont eux aussi d'origine volcanique. Pourtant personne ne sait comment se présentaient précisément ces volcans, dont il ne reste aujourd'hui que les cheminées diamantifères à la surface de la Terre. Les géologues désignent ces cheminées par le terme anglais de *pipes*. Elles sont remplies de débris de diverses roches, y compris des fragments de kimberlite provenant du manteau terrestre. C'est là que se cachent les diamants.
Le diamant est le minéral le plus dur de la planète. Comme le graphite, son plus proche parent dans le système minéralogique, le diamant est entièrement composé de carbone. La différence de leurs structures cristallines confère toutefois aux deux substances des

Préassaisonnés : du thym sauvage pousse dans le ténébreux désert de cendres de l'Hekla, l'un des volcans les plus actifs de l'Islande. Les paysans y font paître leurs moutons, car le thym est censé donner un goût particulier à la viande.

propriétés radicalement distinctes. C'est la disposition tétraédrique des atomes de carbone qui donne au diamant sa dureté. Dans le cas du graphite, en revanche, les atomes de carbone sont disposés en feuillets ; c'est pourquoi il est si facile de le broyer.

De l'avis des experts, le type de volcanisme qui a donné naissance aux diamants était plus explosif que celui que l'on peut observer aujourd'hui sur la Terre. Ils fondent leur affirmation sur les conditions qui devaient nécessairement régner lors de la formation des diamants : pour qu'ils prennent leur structure cristalline tétraédrique, et donc qu'ils acquièrent leur grande dureté, il faut qu'ils soient nés à une profondeur d'au moins 200 km, c'est-à-dire dans le manteau terrestre. C'est seulement là que règne une pression suffisante. Et, pour que le diamant ne se transforme pas en graphite lors de sa longue ascension vers la surface de la Terre, qu'il n'entre pas en contact avec de l'oxygène, et qu'il s'enflamme et brûle, il a dû être éjecté de l'intérieur de la Terre à une très grande vitesse. Conclusion : pour expulser à grande vitesse des diamants depuis une profondeur d'au moins 200 km, les éruptions se sont forcément déroulées avec une violence extraordinaire. Les masses de débris qui remplissent les cheminées, et parmi lesquelles on trouve les diamants, en apportent une preuve supplémentaire.

Les projections des volcans qui ont une valeur marchande moindre sont néanmoins précieuses pour les travaux publics. En effet, la lave, l'ignimbrite et les tufs sont des matériaux de construction très appréciés dans les régions volcaniques. Le basalte sert de pierre à paver, tandis que la pierre ponce, légère, est utilisée dans la fabrication de béton léger et comme produit de lavage et de polissage ou comme abrasif.

C'est à la vitesse de 5 m par minute qu'une coulée de blocs de lave provenant de l'un des cratères latéraux de l'Etna a dévalé en décembre 1991 sur la localité de Zafferana.

Des chauffe-eau naturels

Si l'on considère la formation des gisements de minerais, on peut déjà comparer les volcans à des chauffe-eau naturels. Suivant le même principe, il est possible de se raccorder à cet immense réservoir énergétique pour se procurer de l'énergie thermique et de l'électricité. Depuis que l'homme sait que les réserves de pétrole et de gaz naturel ne sont pas inépuisables, que les gaz émis lors de la combustion du charbon, du pétrole et du gaz renforcent l'effet de serre et qu'il arrive que l'on perde le contrôle d'une centrale nucléaire, l'énergie géothermique prend de l'importance. Théoriquement, il est possible de piocher dans les réserves de chaleur de l'intérieur de la Terre en tout point la planète, si tant est que l'on creuse suffisamment profondément. Cela n'est pas nécessaire dans les régions volcaniques. En effet, le magma qui, en ces zones, remonte vers la surface de la Terre réchauffe le sol, comme en témoignent les sources thermales et les vapeurs chaudes qui y jaillissent.

L'eau chaude peut être utilisée pour chauffer les habitations et les serres, tandis que la vapeur fait tourner des turbines qui produisent de l'électricité. Les minéraux dissous dans les eaux thermales posent néanmoins un gros problème, car ils peuvent boucher les canalisations en se déposant sous forme d'encroûtements sur les parois des tuyaux. Leur teneur en oxygène, généralement très élevée, attaque également les tuyauteries métalliques. C'est pourquoi l'eau chaude d'origine volcanique passe sur des échangeurs thermiques, où elle transmet sa chaleur à une eau « normale », non corrosive. C'est en raison de l'abondance de cette énergie géothermique que poussent par exemple des tomates et des bananes en Islande (sous serres, bien sûr), à proximité du cercle polaire. En Nouvelle-Zélande, la vapeur volcanique propulse les turbines de centrales géothermiques qui produisent 7 % des besoins en électricité du pays. En Indonésie, aux Philippines et dans d'autres pays de la ceinture de feu du Pacifique, l'énergie géothermique est de plus en plus utilisée. La plus grande centrale géothermique du monde se trouve en Californie, près de San Francisco. Sa puissance de 1 000 mégawatts est équivalente à celle d'une grosse centrale nucléaire. C'est à Larderello, au sud de la ville italienne de Florence, qu'a été construite la première centrale géothermique. Elle est encore en service aujourd'hui.

Les risques volcaniques

Les personnes qui habitent à proximité d'un volcan peuvent certes en tirer beaucoup de profit, mais elles s'exposent aussi à un certain risque. D'après une étude réalisée par une société d'assurances munichoise, « il n'existe en fait (à l'exception des chutes de météorites, qui restent extrêmement rares) aucun autre phénomène naturel qui puisse dévaster des étendues aussi grandes avec une intensité et une soudaineté comparables à celles d'un volcan ». La plus importante compagnie de réassurance du monde a donc étudié les dégâts que pouvaient provoquer les éruptions volcaniques dans les diverses régions volcaniques de la planète, et comment il était possible, d'un point de vue économique, de les répertorier.

Les séismes qui accompagnent généralement les éruptions volcaniques peuvent déjà à eux seuls détruire villes et campagnes. Les coulées de lave, les coulées de boue et les nuées ardentes anéantissent et brûlent tout ce qui se trouve sur leur passage, tandis qu'une forte pluie de cendres peut enfoncer des toits et enterrer des maisons. D'après les statistiques, 5 % des éruptions volcaniques sont meurtrières. Dans les trois cents dernières années, quelque 260 000 personnes ont péri dans une catastrophe de ce type, ce qui donne une moyenne de 800 victimes par an.

C'est le 23 juin 1982 que l'homme prit conscience d'un autre risque volcanique qui ne doit pas non plus être négligé. Ce jour-là,

pour la première fois, un avion de ligne traversa un nuage de cendres volcaniques. C'est au sud de Java, au-dessus de l'océan Indien, que le Boeing 747, qui volait à plus de 12 000 m d'altitude, plongea dans le voile de brume que composaient les fines particules de cendre et de poussière provenant de la cheminée du Galunggung, un volcan alors particulièrement actif. Tous les réacteurs tombèrent en panne, et l'avion menaça de s'écraser. C'est seulement à 4 600 m d'altitude que les pilotes réussirent à faire redémarrer les réacteurs. L'avion put donc atterrir à Djakarta sans dommage. Des études plus précises ont montré qu'à la température de 1 300 °C qui règne dans les chambres à combustion des réacteurs des avions à réaction modernes les particules de cendre fondent et se collent sur les aubes des réacteurs. Le volume d'air en circulation s'est trouvé de ce fait réduit, de 10 % tout au plus, mais dans l'air raréfié d'altitude cela suffit pour arrêter les réacteurs. Ce n'est qu'à une altitude moins importante, là où l'air est plus « épais », qu'il a donc été possible de les remettre en marche. Des filtres à pores fins protégeraient certes les réacteurs des poussières volcaniques, mais ils gêneraient trop la circulation de l'air. Il n'existe donc à ce jour aucune solution technique à ce problème. Pour éviter ce danger, les avions doivent être avertis à temps de la présence de nuages éruptifs afin de pouvoir les contourner.

Des prévisions controversées

L'un des objectifs majeurs de la volcanologie moderne est de mettre au point des méthodes qui permettent de prévoir à quel moment et avec quelle intensité un volcan va entrer en éruption, afin de sauver des vies humaines et d'éviter, dans la mesure du possible, les dégâts matériels. Cependant, malgré une amélioration constante des instruments que les experts ont installés sur les boucliers et les cônes des volcans actifs, afin de surveiller la moindre secousse, les prévisions restent une affaire délicate. Chaque éruption est en effet le résultat des processus « chaotiques », au sens propre du mot, qui se déroulent au cœur d'un volcan. C'est pourquoi les volcans sont plus imprévisibles que le temps.

Un premier signe : le séisme

On observe depuis longtemps que de nombreux séismes sont immédiatement suivis d'éruptions volcaniques. Cela est dû magma qui, lors de son ascension, ouvre de nouvelles failles et fissures, et qui, lors de son expulsion hors de la cheminée, frotte contre la roche à l'état solide. C'est ce qui fait trembler le sol aux environs de la montagne. L'étude de 71 séries de secousses qui ont précédé des éruptions volcaniques a cependant montré qu'il ne s'agissait pas d'un critère de prédiction valable à 100 %. On a en effet constaté une augmentation de l'activité tellurique juste avant l'éruption dans 58 % des cas seulement. Dans 38 % des cas, en revanche, le renforcement du séisme ne fut pas suivi d'une éruption, car le volcan s'est calmé. Dans 4 % des cas enfin, l'éruption ne fut précédée d'aucun tremblement de terre.

C'est également ce qui s'est passé en 1980 sur le mont Saint Helens. Dès le mois d'avril, la région fut évacuée et fermée, car les secousses

Dans les jardins potagers des datchas des environs de Petropavlovsk, les légumes poussent très bien, malgré le rude climat qui règne dans la toundra. Ce sont les cendres et les coulées de lave des volcans Koryaksky et Avachinsky (en arrière-plan) qui rendent le sol si fertile (Kamtchatka, nord-est de la Sibérie).

avaient augmenté sous le volcan et le cône gonflait. Lorsque le volcan a enfin explosé en mai, on crut avoir parfaitement prévu ce qui allait se passer. Cependant, quelques scientifiques y trouvèrent quand même la mort, parce que les signaux sismiques qui auraient dû donner le moment exact de l'éruption ne vinrent jamais.
Outre les tremblements de la terre que les volcanologues suivent à l'aide des sismographes, toute modification de la forme du cône volcanique est elle aussi enregistrée. Le magma ascendant peut en effet provoquer d'autres phénomènes : il est courant que les flancs de la montagne gonflent, comme dans le cas du mont Saint Helens. On connaît ces variations au millimètre près grâce aux appareils sensibles qui mesurent la déclivité et aux nivellements qui, à l'aide de rayons laser, permettent de prendre des mesures en différents points sur les flancs du volcan.

Le réchauffement du volcan

Il existe aussi une méthode encore récente consistant à analyser les images prises aux infrarouges par des satellites, qui indiquent la répartition de la température sur un volcan. Il est ainsi possible de constater très rapidement qu'un volcan se réchauffe soudain. Cela peut signifier une montée du magma. Un réchauffement à l'intérieur de l'édifice entraîne aussi une modification de la température et de la composition chimique des gaz et des eaux qui sortent du volcan. Néanmoins, une élévation marquée de la température n'est pas nécessairement suivie d'une éruption.
L'étude à long terme de l'histoire et des habitudes éruptives d'un volcan est absolument indispensable pour établir les pronostics les plus fiables possibles. Chaque édifice volcanique a en effet ses propres particularités, et les événements qui se déroulent avant chacune de ses éruptions ont tendance à se répéter.

Les incidences économiques

Les intérêts économiques et politiques peuvent aller à l'encontre des mesures de prévention qui s'imposent parfois. En 1977 par exemple, la Soufrière, le volcan de l'île de la Guadeloupe, menaçait d'entrer en éruption. Plus de 70 000 personnes ont alors été évacuées. Trois mois plus tard, elles sont rentrées chez elles. Rien ne s'était passé. De telles mesures paralysent des régions entières pendant un certain temps et coûtent beaucoup d'argent. Il suffit qu'elles aient été prises inutilement une fois pour qu'à la prochaine menace du volcan les autorités politiques se montrent réticentes. Par ailleurs, un pronostic défavorable à long terme effraie les investisseurs, dont les régions volcaniques, qui sont souvent faiblement développées sur le plan économique, ont pourtant un besoin urgent.
Toute tentative de prévision précise fait prendre aux hommes davantage conscience de leur impuissance face aux forces de la nature. Certes, on en sait aujourd'hui bien plus sur l'origine du volcanisme que lors des siècles passés, époque où les cracheurs de cendres et de feu comptaient encore parmi les grands mystères de la Terre. De nombreux volcans représentent néanmoins un risque incalculable. Ils nous montrent à quel point notre planète est inscrite dans un gigantesque cycle du devenir et du temps qui passe. Quoi qu'il en soit, quiconque s'intéresse aux volcans actifs ne peut se soustraire à la fascination qu'exerce leur invincible puissance naturelle.

Les principales éruptions volcaniques des temps historiques

Année	Volcan	Pays	Type d'éruption	Conséquences
1500 av. J.-C. environ	Théra, Santorin	Grèce	explosive (raz de marée)	Peut-être la décadence de la civilisation minoenne
250 av. J.-C. environ	Ilopango	Salvador	explosive	Migration des Mayas depuis les hautes terres fertiles vers la péninsule du Yucatan, moins exploitable
79 ap. J.-C.	Vésuve	Italie	explosive, retombées de cendres, nuées ardentes (coulées de boue)	Destruction de Pompéi, d'Herculanum et de Stabies
1006	Merapi	Java, Indonésie	explosive	Destruction de villes florissantes et de superbes temples, nombre de victimes inconnu
1586	Kelud	Java, Indonésie	explosive (coulées de boue)	10 000 morts selon les estimations
1631	Vésuve	Italie	retombées de cendres, nuées ardentes	Une coulée de lave atteint la mer, 4 000 morts
1638	Raung	Indonésie	explosive, nuées ardentes (coulées de boue)	1 000 morts
1640	Komagatake	Japon	explosive (raz de marée)	Épanchement de gaz toxiques, 15 000 habitants s'enfuient
1669	Etna	Italie	effusive	Destruction partielle de la ville de Catane
1768	Cotopaxi	Équateur	explosive, retombées de cendres	Mort d'une grande partie du bétail du fait du manque de fourrage
1783	Asama	Japon	explosive (coulées de boue)	1 200 morts
1783	fissure éruptive du Laki	Islande	explosive-effusive	Des gaz toxiques tuent le bétail. S'ensuit une grande famine, qui entraîne la mort d'un cinquième de la population de l'île
1790	Kilauea	Hawaii, États-Unis	explosive (éruption de vapeur d'eau)	La plus violente des éruptions explosives du Kilauea, aujourd'hui à tendance effusive ; la vapeur brûlante qui s'échappa suffoqua et momifia les soldats du roi hawaiien Keoua et leurs familles
1792	Unzen	Japon	explosive (coulées de boue, raz de marée)	Destruction de la ville portuaire de Shimabara
1815	Tambora	Indonésie	explosive, retombée de cendres (raz de marée)	Famine, 10 000 morts lors de l'éruption. 80 000 personnes moururent de faim du fait des mauvaises récoltes, modifications du climat dans le monde entier ; la plus grosse éruption des temps historiques
1822	Galunggung	Indonésie	explosive (coulées de boue)	Dégâts énormes, plus de 4 000 morts.

Année	Volcan	Pays	Type d'éruption	Conséquences
1883	Krakatau	Indonésie	explosive (raz de marée)	Les raz de marée firent 36 000 morts sur les zones côtières avoisinantes
1902	la Soufrière	Saint-Vincent, Petites Antilles	explosive, nuées ardentes	1 600 morts
1902	montagne Pelée	Martinique, France	explosive, nuées ardentes	Plus importante catastrophe volcanique du siècle, quelque 30 000 morts, la ville de Saint-Pierre a été rasée par une nuée ardente
1911	Taal	Philippines	explosive (ondes de souffle latéral et raz de marée)	1 335 morts dus aux gaz toxiques
1951	Hibok-Hibok	Philippines	explosive, nuées ardentes	2 000 morts, 45 000 habitants de l'île évacués
1951	Lamington	Nouvelle-Guinée	explosive, nuées ardentes	Après une longue phase de sommeil, la partie nord de la montagne a explosé ; 4 000 morts
1963	Gunung Agung	Bali, Indonésie	explosive, nuées ardentes	L'éruption commença pendant une importante cérémonie religieuse, 1 500 personnes tuées, 75 000 sans abri, 35 000 têtes de bétail mortes
1980	mont Saint Helens	État de Washington, États-Unis	explosive	Violente explosion après un éboulement de terrain au sommet du volcan, 57 morts
1982	El Chichon	Mexique	explosive, nuées ardentes	Premier nuage éruptif dont la progression autour du monde a pu être suivie ; 3 500 morts
1985	Nevado del Ruiz	Colombie	explosive (coulées de boue)	Les coulées de boue engloutirent la ville d'Armero, 22 000 morts
1986	lac Nyos	Cameroun	émission de gaz carbonique	1 700 personnes périrent dans les nappes de gaz toxique
1991	Pinatubo	Philippines	explosive, retombée de cendres, nuées ardentes (coulées de boue)	900 morts, évacuation importante, 1,2 million de sans-abri
1991	Unzen	Japon	explosive, nuées ardentes	43 morts, dont le couple de volcanologues français Maurice et Katia Krafft
1993	Mayon	Philippines	explosive, nuées ardentes	60 morts, 40 000 personnes évacuées à temps

Cette liste ne donne que quelques exemples et n'a aucune prétention à l'exhaustivité.
Une carte représentant les plaques lithosphériques et les principaux volcans est donnée aux pages 62-63.

Pages de garde.
Lave en train de refroidir (Etna, Sicile, phase éruptive de 1991 à 1993).

Page 1.
Fumerolles au bord du cratère de la Fossa sur l'île de Vulcano (îles Lipari, Italie).

Pages 2-3.
Caldera du Tengger avec les volcans Bromo et Batok, le mont Semeru et son nuage éruptif en arrière-plan (Java orientale, Indonésie).

Pages 4-5.
Chaleur scintillante d'une coulée de lave dévalant l'Etna (Sicile, phase éruptive de 1991 à 1993).

Pages 6-7.
Lave refroidie en colonnes basaltiques (Lagarfljot, est de l'Islande).

Pages 158-159.
Dépôts de soufre dans le cratère du volcan Mutnovsky (Kamtchatka, nord-est de la Sibérie).

Pages 161.
Coulées de lave sur l'Etna (Sicile, phase éruptive de 1991 à 1993).

Le photographe dédie ce livre à son père, décédé.

Index

Les numéros de page en **gras** renvoient aux illustrations.

Toutes les photographies sont de Bernhard Edmaier

Réalisation des dessins :
Pages 62-63 et 69 : Vierthaler et Braun
Pages 68 : Barbara v. Damnitz (modifié)

Cet ouvrage est paru sour le original :
Vulkane, wo die Erde Feuer und Asche spuckt,
a été traduit par Ghislaine Tamisier-Roux,
relu et adapté par Philippe Bouysse
et réalisé avec la collaboration de Stéphanie Houlvigue

Réalisation PAO : Wassila Mancy

ISBN : 2-09-260539-9
N° d'éditeur : 10046628 – (II) – (8) – CSBTS 150
Dépôt légal : avril 1998
Imprimé en Italie
par G. Canale & C. S.p.A. – Borgaro T.se (Turin)